产品配色手册

张昕婕　PROCO 普洛可色彩美学社　著

江苏凤凰科学技术出版社 · 南京

图书在版编目（CIP）数据

产品配色手册 / 张昕婕，PROCO普洛可色彩美学社著. -- 南京 : 江苏凤凰科学技术出版社，2021.8
ISBN 978-7-5713-2180-2

Ⅰ. ①产… Ⅱ. ①张… ②P… Ⅲ. ①产品设计－配色－手册 Ⅳ. ① TB472.3-62

中国版本图书馆CIP数据核字(2021)第158959号

产品配色手册

著　　者	张昕婕　PROCO普洛可色彩美学社
项目策划	凤凰空间 / 宋　君
责任编辑	赵　研　刘屹立
特约编辑	宋　君
出版发行	江苏凤凰科学技术出版社
出版社地址	南京市湖南路1号A楼，邮编：210009
出版社网址	http://www.pspress.cn
总　经　销	天津凤凰空间文化传媒有限公司
总经销网址	http://www.ifengspace.cn
印　　刷	北京博海升彩色印刷有限公司
开　　本	787 mm×1 092 mm　1 / 32
印　　张	5
字　　数	128 000
版　　次	2021年8月第1版
印　　次	2021年8月第1次印刷
标准书号	ISBN 978-7-5713-2180-2
定　　价	39.80元

图书如有印装质量问题，可随时向销售部调换（电话：022-87893668）。

目录

第 4 章

产品色彩的意象氛围 配饰和玩具

第 5 章

产品色彩的意象氛围 厨房电器

第 1 章

配色前的准备

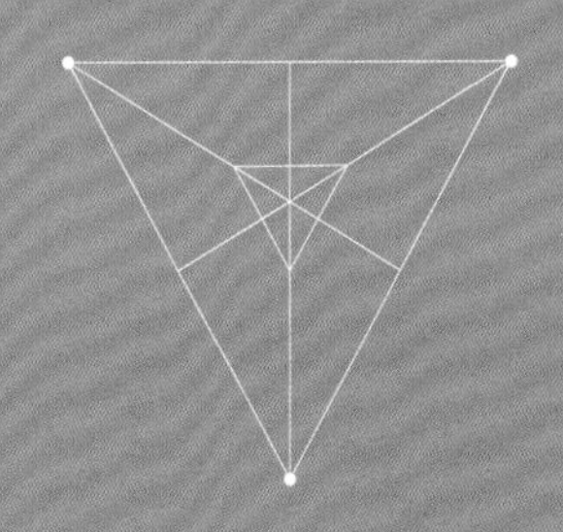

1.1 色彩属性

人眼可以辨识一千多万种颜色，自从一百多年前诞生了第一个现代色彩体系，人们终于可以把万千可见之色量化，用“色彩属性”来更加精确地描述颜色。而理解色彩属性，是理性搭配色彩的第一步。

属性一：色相

色相，就是颜色的有彩色外相。简单来说就是某个颜色偏蓝还是偏绿，偏红还是偏黄。黄与红逐渐接近，逐渐转变为橙色、朱红色，最终转化为全红色；黄与绿逐渐接近，最终转化为全绿色；红与蓝、蓝与绿之间也会产生这样的渐变。最终，肉眼可见之色相会形成一个圆环，这个圆环就是纯彩色的“色相环”（图1）。

属性二：彩度

色彩的第二个重要属性是彩度。彩度就是颜色的鲜艳程度，在一些表达中也会把这种属性表述为“饱和度”“艳度”或“色度”。彩度越高的颜色越鲜艳，彩度越低的颜色越接近灰色、白色或黑色，当彩度完全消失时颜色就变成了灰色、白色或黑色（图2）。

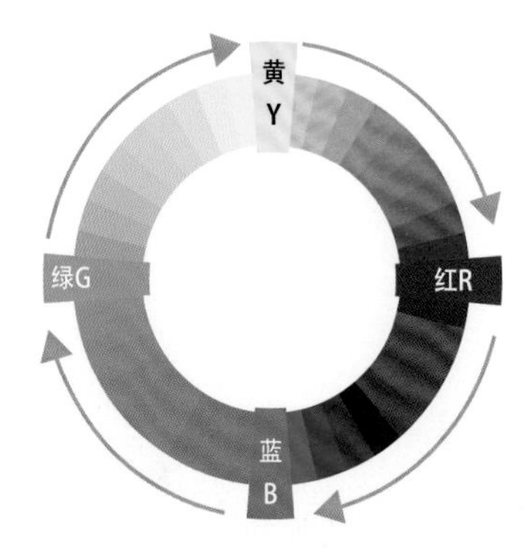

图1　在纯彩色的色相环中，黄红、红蓝、蓝绿、绿黄之间的所有颜色，都兼具相邻两个色相的特征。例如，橙色在色彩感知上既有红色相，又有黄色相，但没有绿色相或蓝色相；而紫色则是一个既红又蓝的颜色，但没有黄或绿色相。

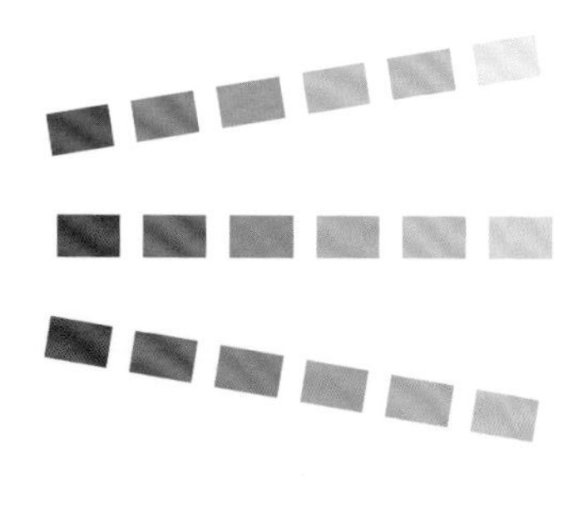

图2　纯彩色色相环中的朱红色、红色、玫红色，彩度逐渐降低，最终成为灰色。

属性三：明度

明度，就是颜色的深浅。明度是颜色的天然属性，如果将一张彩色照片去色，得到的黑白照片就揭示了颜色间的明度关系。图 3 经过去色处理后转变为图 4，得到的就是原图片中的明暗关系。我们会发现，底色中的黄色和左下角的绿叶一样鲜艳，黄色还是比绿色浅得多。底色中的黄色比照相机的浅黄色鲜艳得多，但照相机的浅黄色比底色中的黄色浅得多。

图 3

图 4

色彩空间

同一种色相的颜色，可以按照明度变化、彩度变化，有序地排列，形成三角平面（图 5）。视觉能看到多少种色相，就能排列出多少种这样的三角平面，若所有这些平面围绕从黑到白的中心轴旋转排列，就可以看到如图 6 所示的锥体，这个三维的锥体被称为色彩空间。

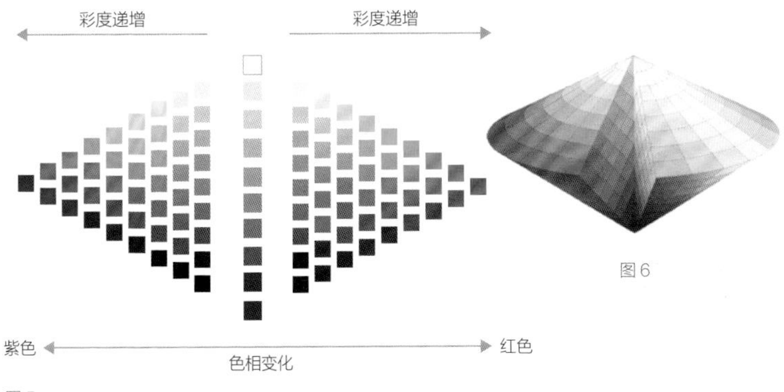

图 6

图 5

1.2 色调和色域

色调，即色彩的色相、明度和彩度综合呈现的整体效果。将色彩三角按照色调特点大致划分为 7 个区域，每个区域色调会呈现出类似的色彩情绪（图 7）。同一色相下，色调不同，传达的情感氛围亦可能相差甚多（图 8）。

具有相似情感倾向的颜色，在色彩三角上的位置也较为接近，所处的区域往往也相同。如果我们将色彩三角按照这种色调共性划分区域，便可以将色彩三角划分为不同色调特点的 7 个区域（图 9）。图 7 和图 8 中的 7 种不同色调，一一对应图 9 中的 7 个区域。

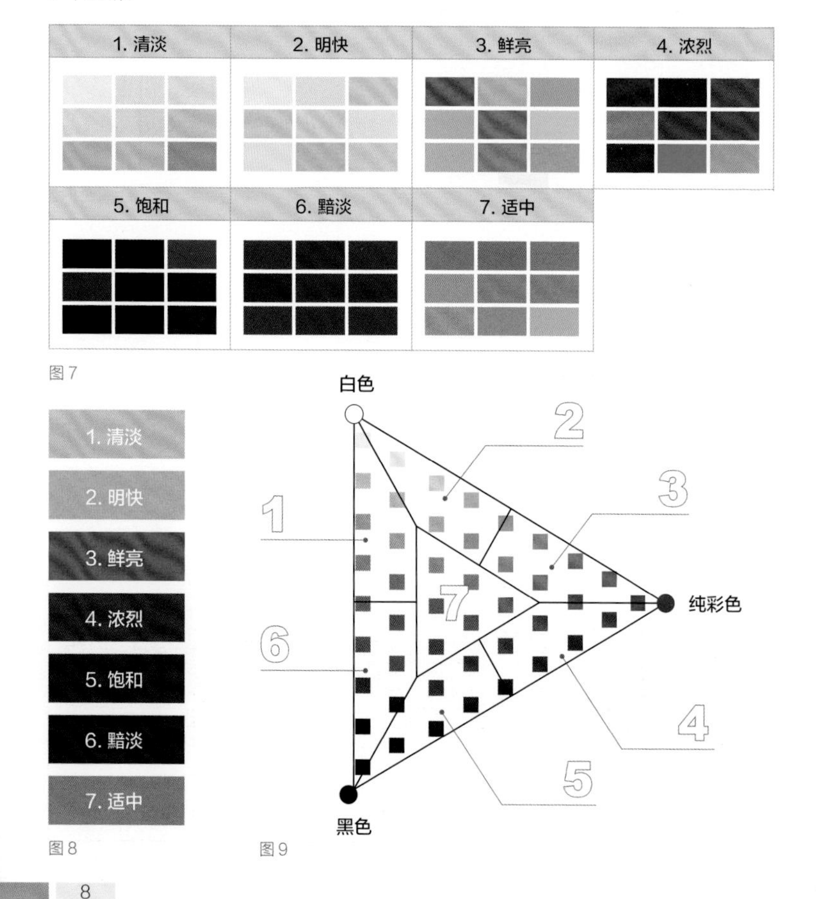

图 8

图 9

同时，我们将色相环平均分成 8 份，形成 8 个色相区域，再加上 1 个无色相区域（即无彩色区域），将其与色彩三角的色彩区域结合形成坐标表格，这样就能够清楚地看出颜色之间的关系。本书此后的每一组配色，都将在这个坐标表格中表示出来。

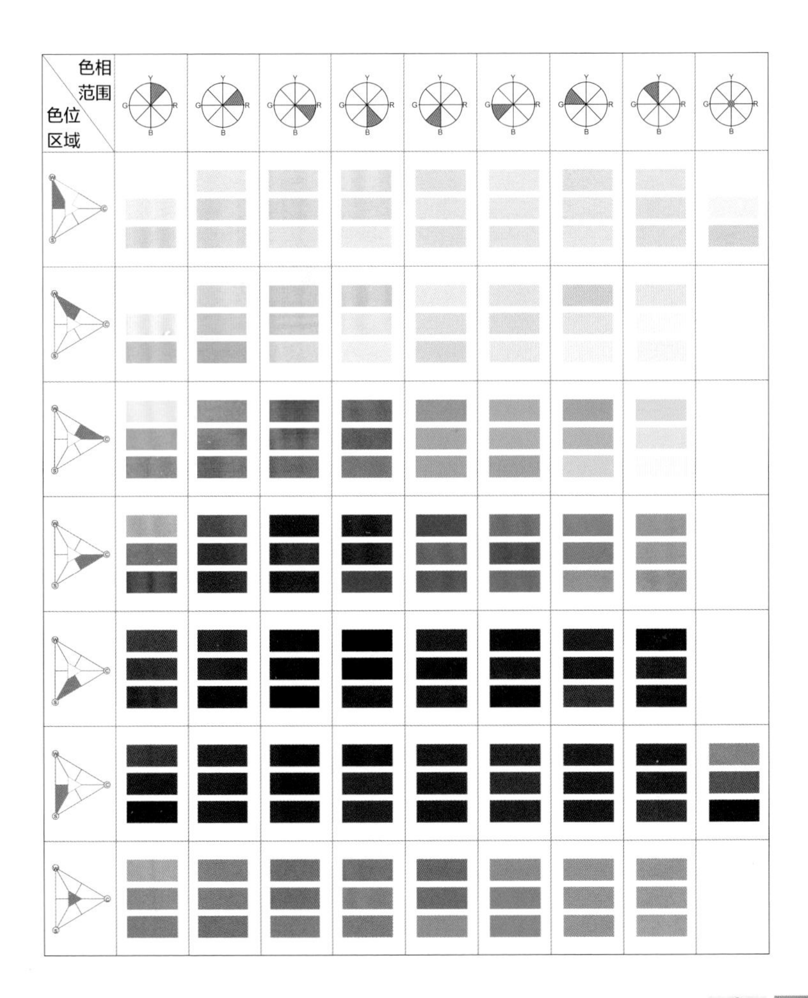

1.3 和谐搭配

想要配色和谐美观，实在没有什么绝对的法则，但无论如何，配色手段无外乎遵循这条原则：寻找对立和统一。

色相的相似感

不同颜色的色相，在色相环中形成的角度越小，色相的相似感越强。在色相环中，颜色之间的角度小于 90° 时，一般都会有比较强的相似感，但从红到蓝的 90° 无法形成相似感。因为红色为暖色，而蓝色为冷色，所以看起来对立感更强。

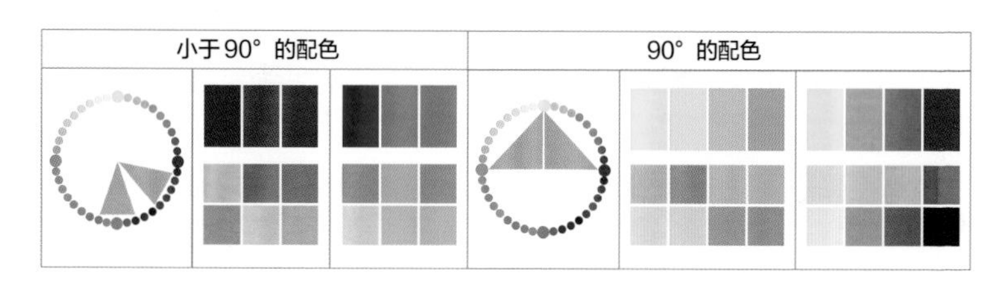

色相的对立感

两个颜色的色相在色相环中形成的角度越大，色相的对立感越强。当两个色相在色相环中形成的角度大于 90° 时，就能形成对立感。纯粹的黄色相与纯粹的蓝色相，纯粹的红色相与纯粹的绿色相互为补色。

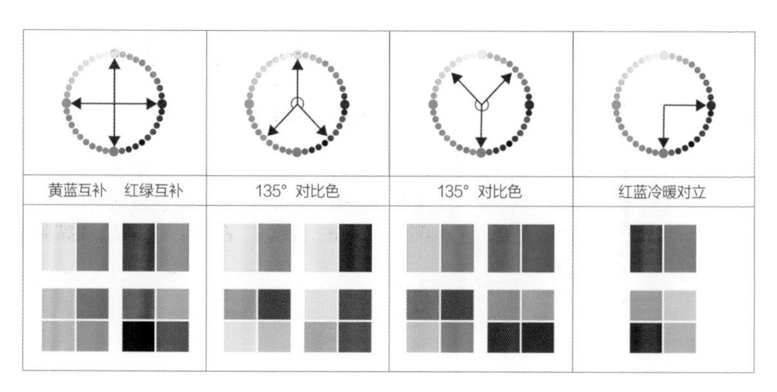

彩度的相似感

在色彩三角中，越靠近黑白轴的颜色彩度越低，越远离黑白轴的颜色彩度越高。同一列的颜色彩度相同，邻近列的颜色彩度相近。

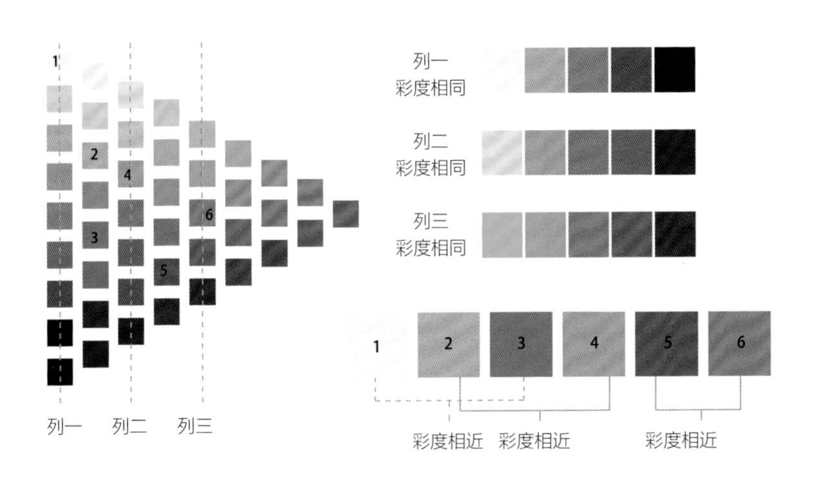

不同色相的颜色，彩度相同或相近时，也能表现出彩度相似的和谐效果。如下面的每一组颜色，虽然色相不同，但彩度都相同。

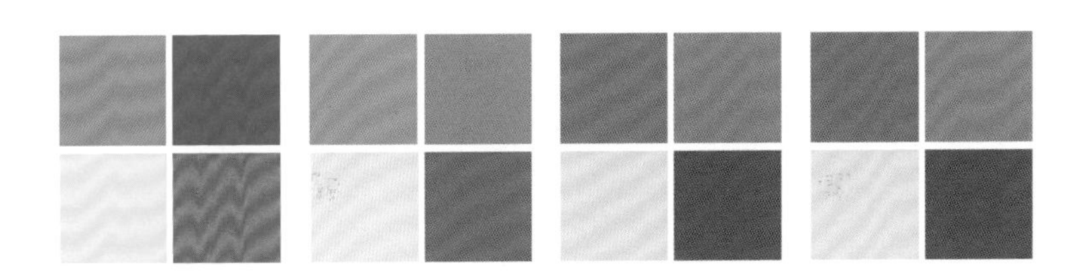

彩度的对立感

两个颜色，或几个颜色之间的鲜艳程度相差越大，彩度的对立感越强。如图 10 ~ 图 12，依次为：彩度上的强对比，彩度上的中对比，彩度上的中对比。

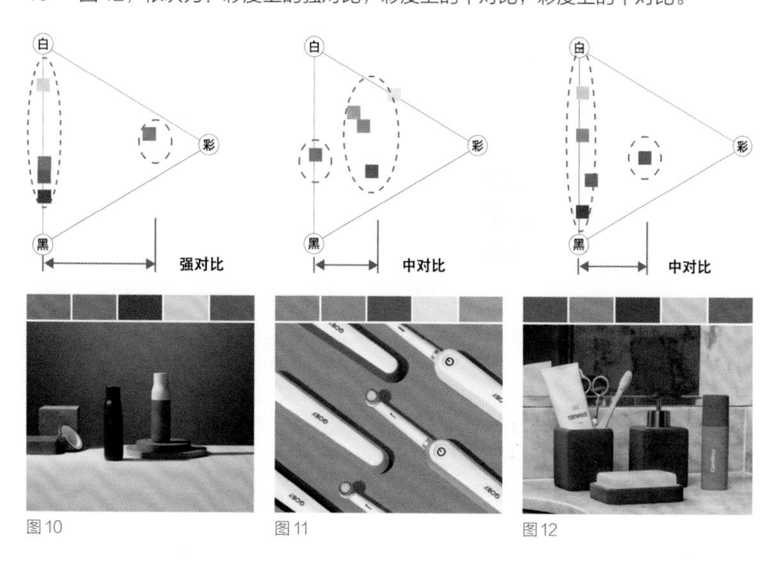

图 10　图 11　图 12

明度的对立感和相似感

几个颜色之间的深浅程度差异越大，明度对立感越强。如果我们将图 13 中相机的浅黄色改成橘红色（图 14），原本的明度对比关系就会改变。改动之后相机的明度与底色的黄色接近，相机被融人了背景中，显得不那么突出。

图 13

图 14

1.4　色彩的气氛和情绪

冷暖

人们对色彩的感知会产生相应的联想，这种联想会让人们觉得某种颜色是冷色、暖色，或中性的颜色（图 15）。

暖色：鲜艳的红、橙、黄色相的颜色让人联想到温暖的物象，属于暖色。冷色：青、蓝色相的颜色会使人联想到清凉寒冷的物象，属于冷色。相对的冷色或暖色：这些颜色的冷暖感都是相对的（图 16、图 17），例如绿色与蓝色相比显得比较暖，而与黄色相比显得比较冷。

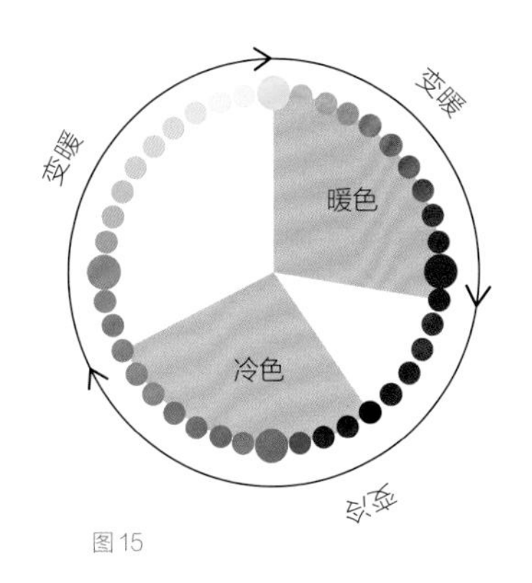

图 15

图 16　绿色与黄色比，显得比较冷，而与蓝色比，则显得比较暖。

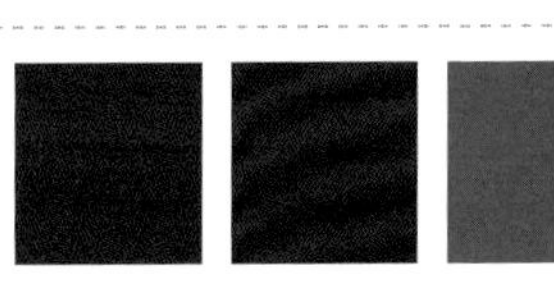

图 17　紫色与红色比，显得比较冷，而与蓝色比，则显得比较暖。

颜色的冷暖感也和彩度、明度有关。总体来说，相同或相近色相的颜色，彩度越低，看起来越冷，彩度越高看起来越暖（图 18），越接近白色的颜色，看起来越冷（图 19）。

3
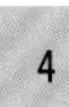

图 18　同样是红色相，彩度降低，暖感也在降低，2 号色比 1 号色冷许多，同为蓝色相的 4 号色也比 3 号色看起来更冷。

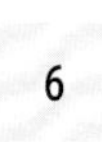

8

图 19　同样是橙色相，接近白色的 6 号色比 5 号色冷很多。同为绿色相的 8 号色也比 7 号色清凉许多。

另外，单色的冷暖，并不意味着色彩整体组合的冷暖（图 20）。在实践中，色彩从来都是以组合的方式出现，而不是单色。

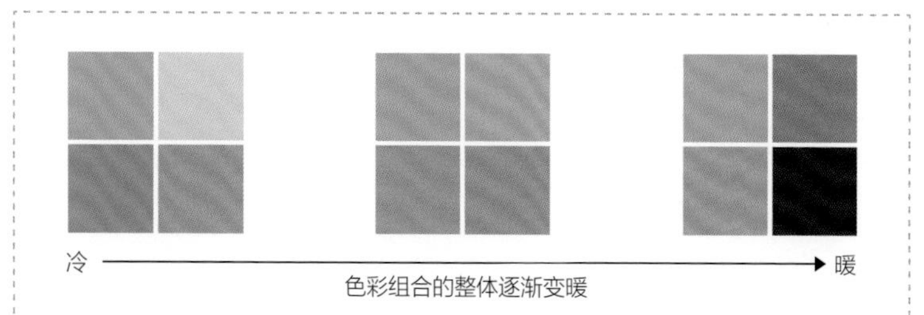

图 20　四个色彩组合中，绿色都是相同的，但与不同的颜色搭配在一起，整体的冷暖感在变化。左侧组合较冷，右侧组合较暖，中间组合冷暖感的倾向性不明显。

软硬

除了冷暖感，颜色还有轻、重感。总体来说，颜色越接近白色看起来越轻，越接近黑色看起来越重，明度越高的颜色越轻，明度越低的颜色越重。而轻的颜色往往感觉比较软，重的颜色往往感觉比较硬。在明度相近的情况下，冷色看起来会更硬一些（图 21，2 号色看起来最轻也最软，3 号色的明度最低，但 4 号色看起比 3 号色更硬一些）。在颜色组合中，软硬的变化非常多样。总体来说，彩度、色相、明度等方面对比感越强的颜色组合看起来越硬，反之则比较软。整体越重的颜色看起来越硬，整体越轻的颜色看起来越软（图 22，2 号色与不同的颜色组合起来，色彩组合的整体软硬感也有所不同）。

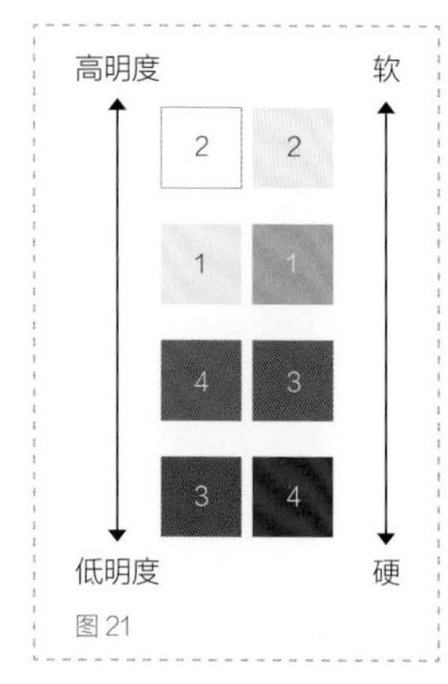

图 21

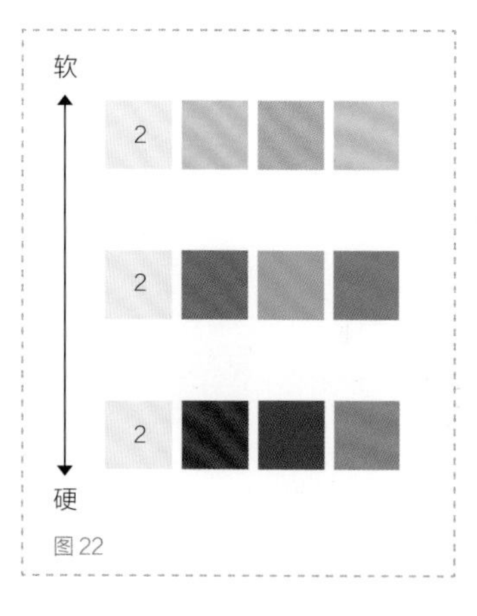

图 22

面积比例

在一个色彩组合中，同样的颜色，不同的面积比例，会带来完全不同的冷暖、软硬效果。如图 23，这组颜色中的绿色面积较大时，整体看起来就比较冷，而深红色面积较大时，看起来就比较暖且比较硬。

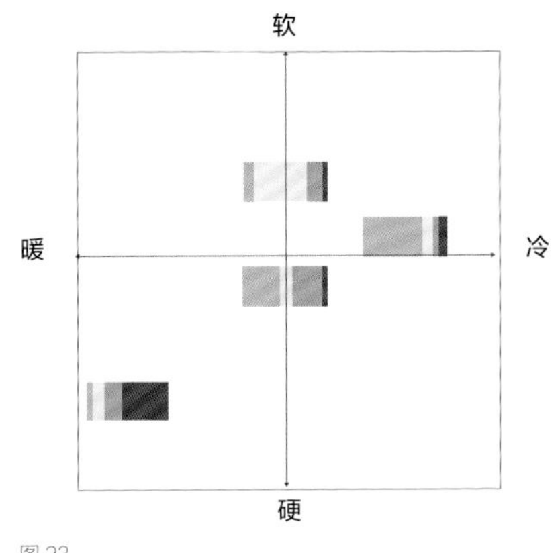

图 23

色彩氛围和色彩的语言形象坐标

从色彩组合的软硬、冷暖和面积比例关系，就可以大致地体现出色彩组合的整体情绪和氛围。虽然色彩的情绪没有统一的标准，但对同一种组合的心理感受会落在一个大致的范围内。2006 年人民美术出版社引进了一本关于色彩心理的书，名为《色彩形象坐标》，作者是日本人小林重顺。作者以色彩的软硬感、冷暖感为基础，为色彩的情绪表达提供了一个量化的参考。笔者从中选取了最简单和实用的一个坐标（图 24），在冷暖、软硬坐标的基础上，色彩形象坐标为固定范围内的颜色做出了语言上的描述和定义。本书在此后的所有配色方案中，都将给出相应的色彩形象坐标参考。

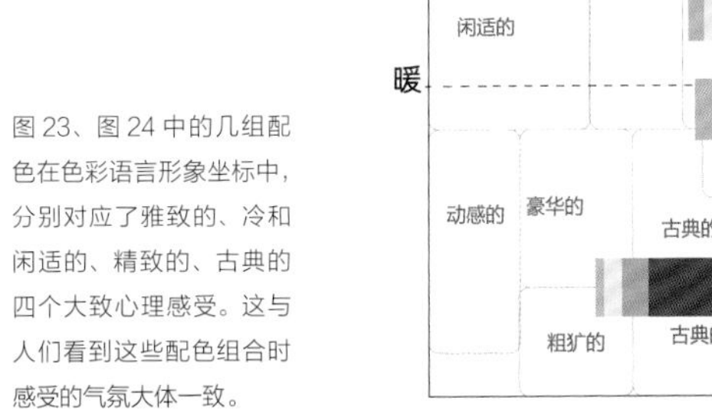

图 23、图 24 中的几组配色在色彩语言形象坐标中，分别对应了雅致的、冷和闲适的、精致的、古典的四个大致心理感受。这与人们看到这些配色组合时感受的气氛大体一致。

图 24

1.5 屏幕、实物、印刷色和色卡

即使都是人眼所见之色，不同媒介的色彩呈现原理也是不同的。这里我们首先得清楚几个基本概念。

原色

原色是指不能通过其他颜色（光色或物料色）混合产生的基础色。从不同的角度出发，有不同的原色。

屏幕——光色原色

人之所以能够看到颜色，简单来说是因为人的视网膜上有一种识别颜色的锥体，叫作视锥细胞。人类的视锥细胞对可见光中的红（Red）、绿（Green）、蓝（Blue）波段最为敏感，当这些对三种光敏感的视锥细胞被不同程度地激活时，大脑就会将这些信息加工成不同的颜色，反应在人的感知中。光色原色混合也被称为加色混合。当三种光完全混合时，会看到一个白色，并且光色叠加不会损失颜色的明亮度和饱和感。所有的屏幕显色，如手机、电脑、电视、投影仪等，都是基于光色三原色叠加混合，也就是我们在绘图软件中常看到 RGB 参数（图 25）。

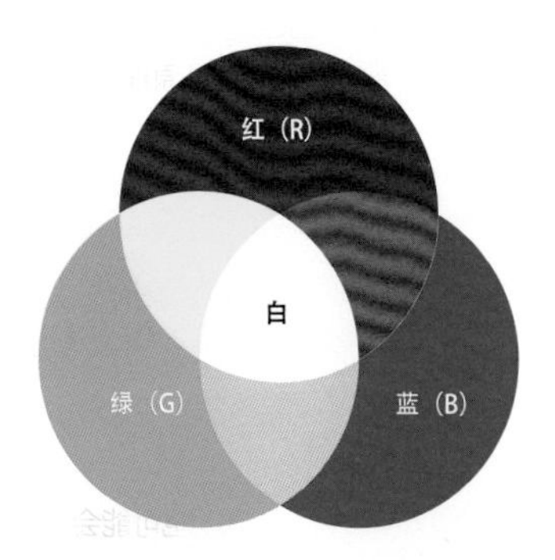

图 25　光色三原色。在光色三原色中，红与绿混合得到黄色，红与蓝混合得到玫红色，绿与蓝混合得到青色，三色混合得到白色且明度达到最高。

实物——物料原色

光的本质是电磁波，所以光的叠加不会损失颜色的明亮度，颜料、染色剂却是实体，颜色混合时必然会损失明亮度，如果将红色、绿色、蓝色颜料混合，绝无可能获得一个白色的颜料。在物料颜色混合的体系中，三原色一般是品红（Magenta）、青（Cyan）和黄（Yellow）。物料原色相互混合可以产生其他颜色，但每混合一次，颜色的饱和感一定会下降一些，所以物料原色混合也被称为减色混合（图 26）。

印刷色

印刷时需要用油墨上色，因此，印刷形成的颜色也是基于减色混合的。在品红、青和黄的基础上，人们加入了黑色来弥补三个原色的不足，这就形成了我们在印刷中常说的 CMYK 参数。不同载体颜色的不可协调性，是因为显色原理的不同。在电脑制图软件中调出的颜色与实际颜色一定会存在差异，而所有的实物颜色都基于物料混合，所以电脑中的颜色也未必能被很好地再现出来，尤其是特别鲜艳和特别深的颜色。另外，每块屏幕的显色也都会存在差异，即使输入相同的 RGB 值，在不同的屏幕上看到的颜色也可能会不同。

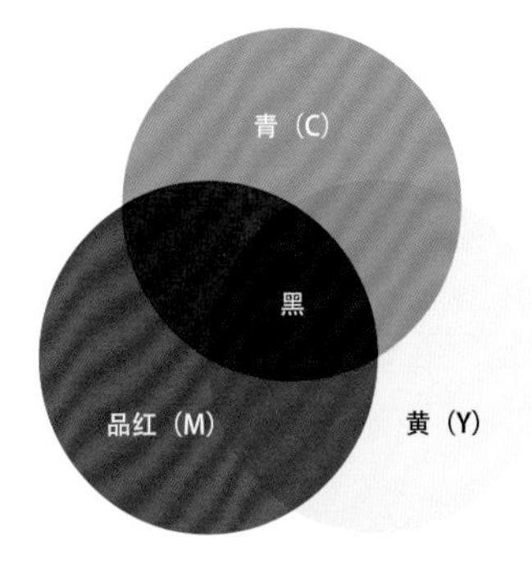

图 26　物料三原色。在物料三原色中，品红与青混合得到蓝色，青与黄混合得到绿色，黄与品红混合得到红色。三色混合理论上得到黑色，实际一般得到深灰，明度达到最低。

色卡

因为载体不同而形成的色差问题，在实践中往往失之毫厘，差之千里。为了能够更好地统一色彩参考标准，人们将颜色编码、固定，市面上出现了标准色卡。本书中所出现的所有颜色都以彩通的色卡（PANTONE FASHION HOME + INTERIORS Color Guide）为准（图 27），同时提供 RGB 值以供屏幕显色参考。

图 27

1.6 本书的使用方式

图示 1 色彩三角和色彩圆环的区域组合。每一组配色中的每一个颜色，都在色域表格中标注出来，以便更好地理解色彩在色彩空间中的关系。

图示 2 色谱组合。每个色谱组合由 6 ~ 8 个颜色组成，组合中的每个颜色都有机会成为主色。同样的颜色组合，面积比例不同时，呈现的色彩情绪和氛围是完全不同的。本书中每一组同样的配色色谱，将根据色彩语言形象坐标的情感表达范围，衍生出三种不同的色彩情绪（图示 5）。每一种色彩情绪，又将根据色彩面积比例的微调，展现出四种搭配方案（图示 7）。最终，每一组配色可以衍生出十二套不同的搭配方案。每个颜色上所标注的颜色编号，都可以在最后的“色彩索引”中找到。

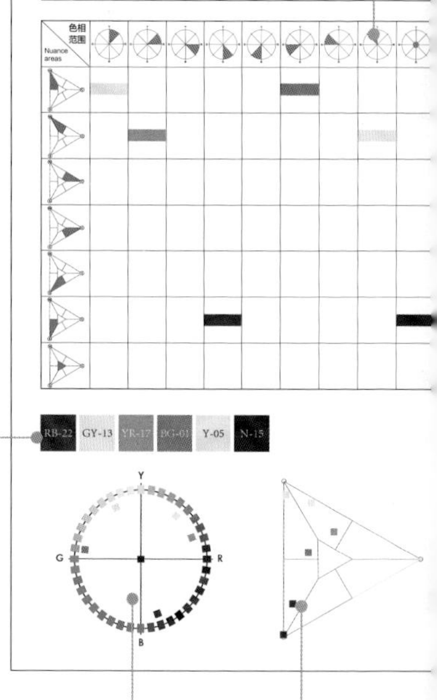

图示 3 色彩圆环。显示每组色谱组合中的颜色，在色彩圆环中的相应色相位置。黑色或接近于黑色的深灰色，白色或接近于白色的浅灰色，都将被标注在圆环的中心，以示无色相或接近于无色相。

图示 4 色彩三角。显示每组色谱组合中的颜色，在色彩三角中所处的色域位置。每个颜色在色彩三角和色彩圆环中的位置，也可以在图示 1 中得到反应。

图示 5 色彩语言形象坐标。每一页的坐标中，都将标明本页中的色彩组合所处的范围（灰色阴影部分），即本页四个方案共同表达的色彩情绪范围。

图示 6 主题和配色说明。除了色彩语言形象坐标中所给出的形容词，本书也为每一页的搭配方案给出更丰富的主题及搭配说明。

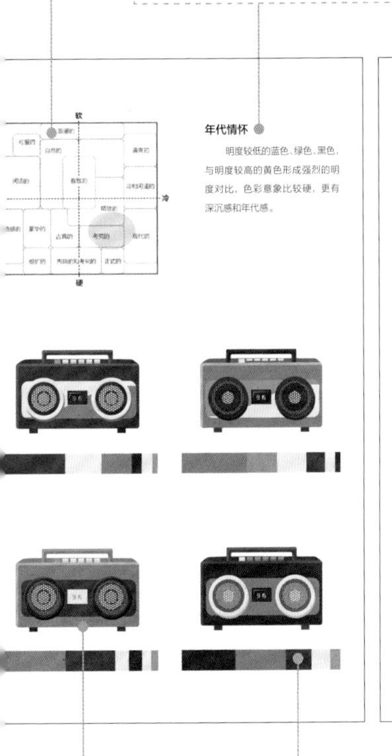

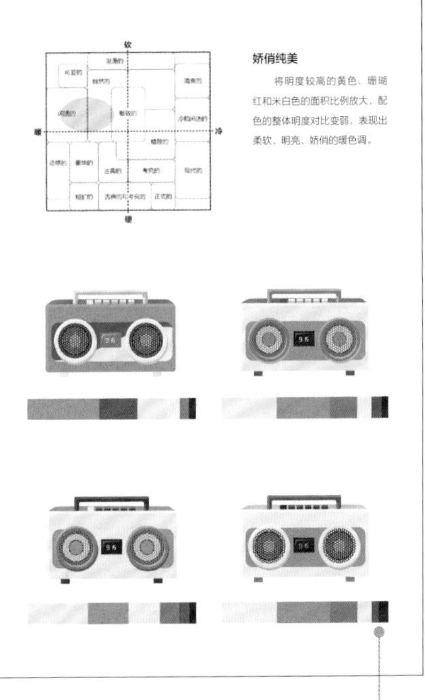

图示 7 每一种色彩情绪展现出的四种具体搭配方案。

图示 8 用色块概括出色彩组合的面积比例关系，以及色彩组合的整体印象。

图示 9 同样的配色，不同的面积比例，搭配出不同色彩情绪的方案。

3.1 配色组合一

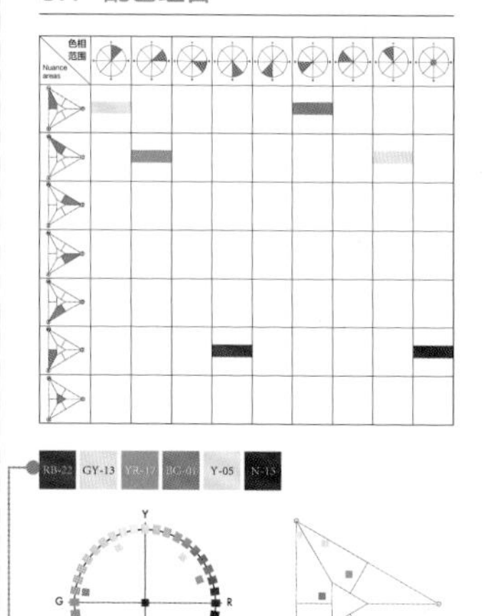

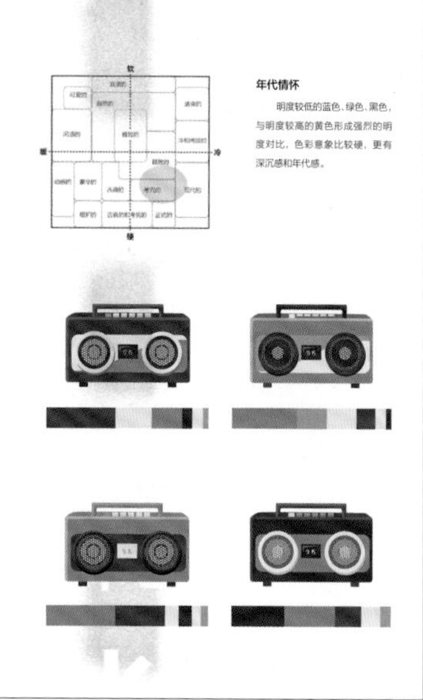

年代情怀

明度较低的蓝色、绿色、黑色，与明度较高的黄色形成强烈的明度对比，色彩意象比较硬，更有深沉感和年代感。

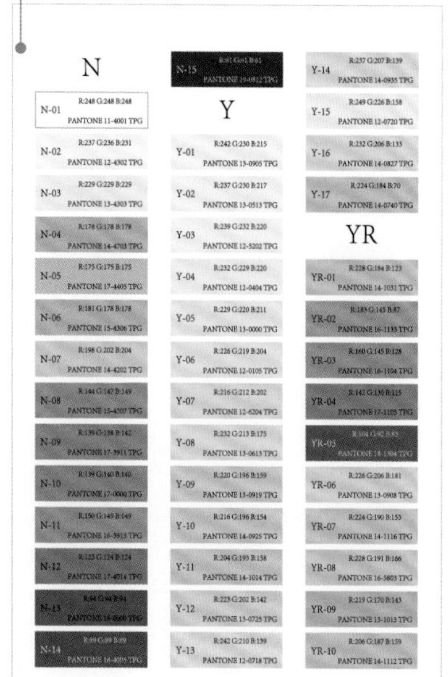

色号	RGB	PANTONE
N		
N-01	R:248 G:248 B:248	PANTONE 11-4001 TPG
N-02	R:237 G:236 B:231	PANTONE 12-4302 TPG
N-03	R:229 G:229 B:229	PANTONE 13-4303 TPG
N-04	R:178 G:178 B:178	PANTONE 14-4703 TPG
N-05	R:175 G:175 B:175	PANTONE 17-4405 TPG
N-06	R:181 G:178 B:178	PANTONE 15-4306 TPG
N-07	R:198 G:202 B:204	PANTONE 14-4202 TPG
N-08	R:144 G:147 B:149	PANTONE 15-4307 TPG
N-09	R:139 G:138 B:142	PANTONE 17-3911 TPG
N-10	R:139 G:140 B:140	PANTONE 17-0000 TPG
N-11	R:150 G:149 B:149	PANTONE 16-3915 TPG
N-12	R:123 G:124 B:124	PANTONE 17-4014 TPG
N-13	R:94 G:94 B:94	PANTONE 18-0000 TPG
N-14	R:99 G:99 B:99	PANTONE 18-4005 TPG
N-15	R:61 G:61 B:61	PANTONE 19-0812 TPG
Y		
Y-01	R:242 G:230 B:215	PANTONE 13-0905 TPG
Y-02	R:237 G:230 B:217	PANTONE 13-0513 TPG
Y-03	R:239 G:232 B:220	PANTONE 12-5202 TPG
Y-04	R:232 G:229 B:220	PANTONE 12-0404 TPG
Y-05	R:229 G:220 B:211	PANTONE 13-0000 TPG
Y-06	R:226 G:219 B:204	PANTONE 12-0105 TPG
Y-07	R:216 G:212 B:202	PANTONE 12-6204 TPG
Y-08	R:232 G:213 B:175	PANTONE 13-0613 TPG
Y-09	R:220 G:196 B:159	PANTONE 13-0919 TPG
Y-10	R:216 G:196 B:154	PANTONE 14-0925 TPG
Y-11	R:204 G:193 B:158	PANTONE 14-1014 TPG
Y-12	R:223 G:202 B:142	PANTONE 13-0725 TPG
Y-13	R:242 G:210 B:139	PANTONE 12-0718 TPG
Y-14	R:237 G:207 B:139	PANTONE 14-0935 TPG
Y-15	R:249 G:226 B:158	PANTONE 12-0720 TPG
Y-16	R:232 G:206 B:133	PANTONE 14-0827 TPG
Y-17	R:224 G:184 B:70	PANTONE 14-0740 TPG
YR		
YR-01	R:228 G:184 B:123	PANTONE 14-1031 TPG
YR-02	R:189 G:145 B:87	PANTONE 16-1133 TPG
YR-03	R:160 G:145 B:128	PANTONE 16-1104 TPG
YR-04	R:142 G:130 B:115	PANTONE 17-1105 TPG
YR-05	R:104 G:92 B:83	PANTONE 18-1304 TPG
YR-06	R:226 G:206 B:181	PANTONE 13-0908 TPG
YR-07	R:224 G:190 B:153	PANTONE 14-1116 TPG
YR-08	R:228 G:191 B:166	PANTONE 16-5803 TPG
YR-09	R:219 G:170 B:143	PANTONE 13-1013 TPG
YR-10	R:206 G:187 B:159	PANTONE 14-1112 TPG

索引页说明：色谱组合中的颜色，都可以在色彩索引中查询相应的彩通色号以及 RGB 值。N 开头的颜色即白色和各种灰色，可以在索引页中的 N 目录下顺序查找；Y 开头的颜色即各种黄色相的颜色，可以在索引页 Y 目录下顺序查找。YR、R、RB、B、BG、G、GY 则分别为红黄色相、红色相、红蓝色相、蓝色相、蓝绿色相、绿色相、绿黄色相。

注：本书中对所有颜色的色卡匹配校对工作，全部是在 D65 标准光源下进行。读者需要注意不同光源环境下，色卡颜色感知可能产生的不同。

第 2 章

产品色彩的意象氛围

软装产品

2.1 配色组合一

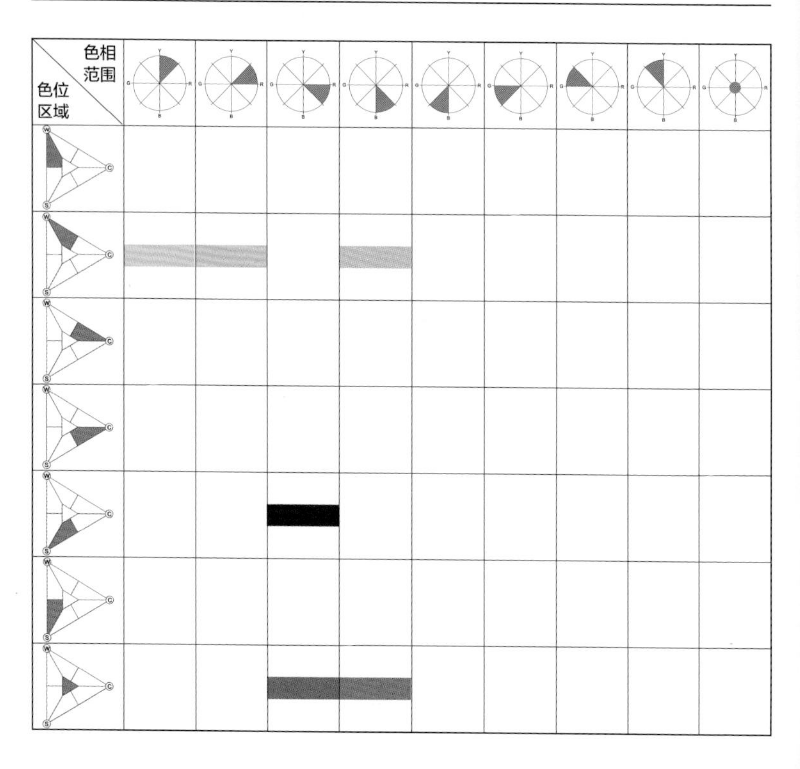

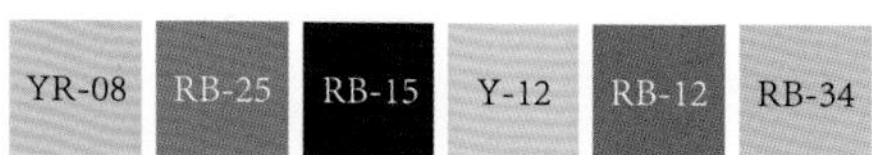

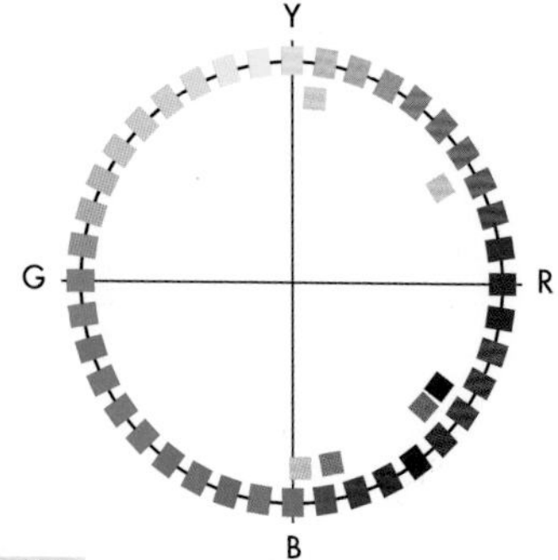

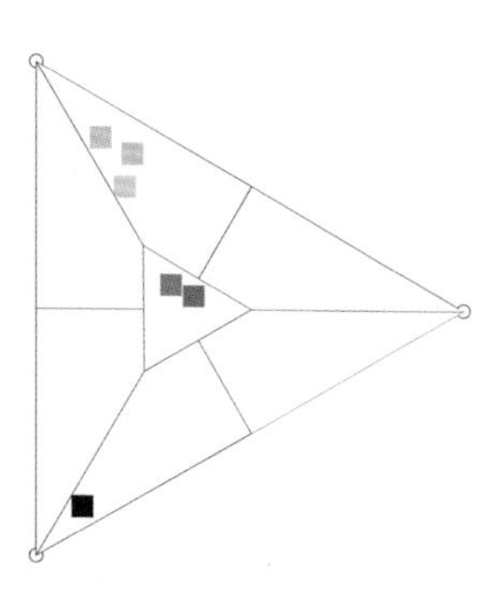

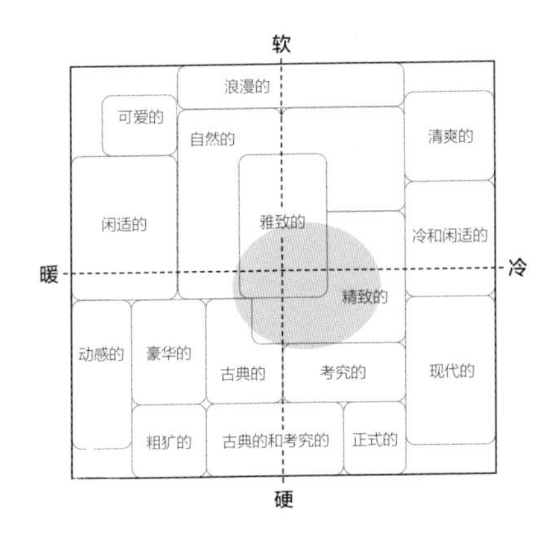

优雅浪漫

以深浅不同的冷色调蓝色和紫色为主色，浅蓝色使冷色调更柔和，意象优雅，搭配明亮的浅黄色和浅粉色点缀，使整体更显明媚。

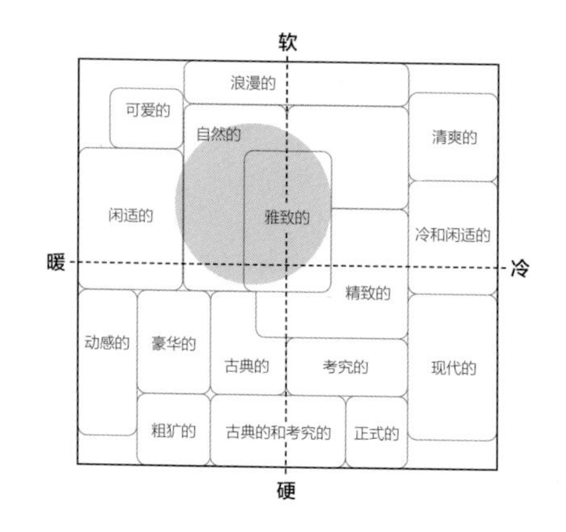

甜蜜少女

将具有明亮阳光感的浅黄色和浅粉色面积比例放大作为主色，冷色调作为点缀，此时整体配色对比较弱，表现出明亮清新的甜蜜氛围。

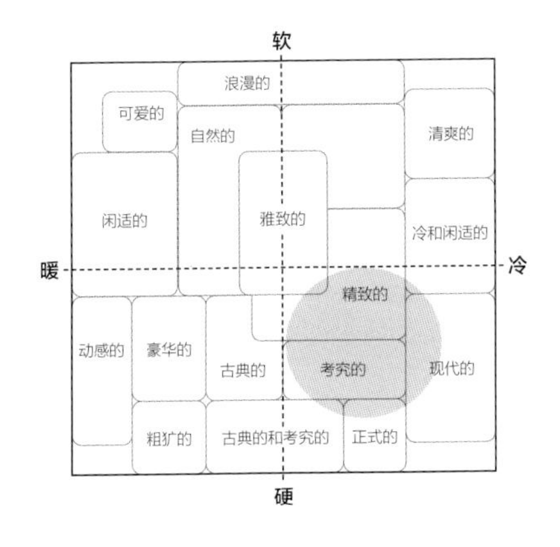

神秘魅惑

将深紫色作为主色，与不同深浅的蓝色、紫色搭配，呈现强烈的明度对比关系，在浪漫色调中又多了几分神秘感，更有吸引力。

2.2 配色组合二

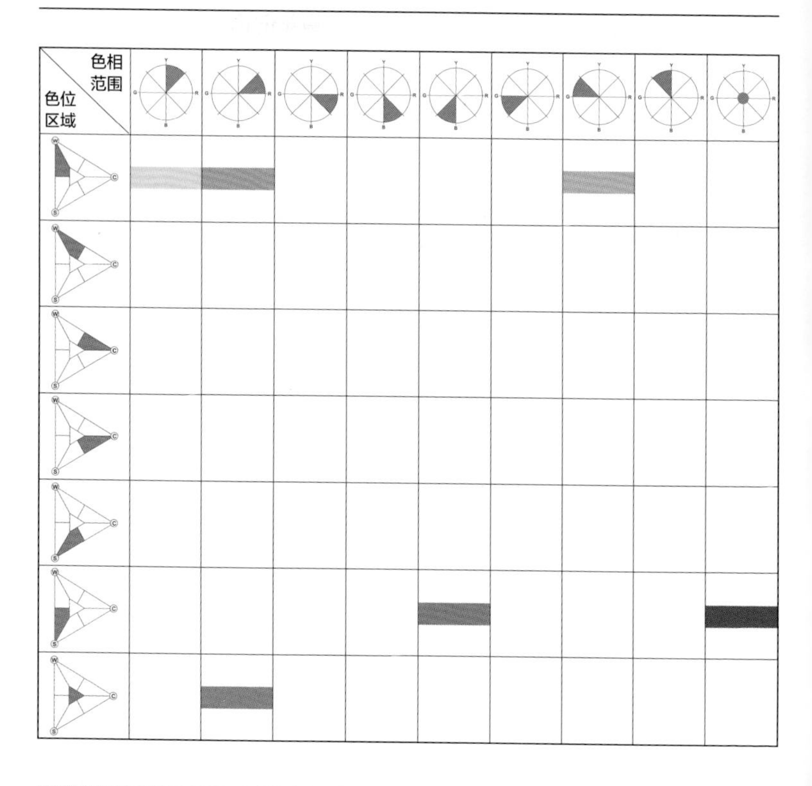

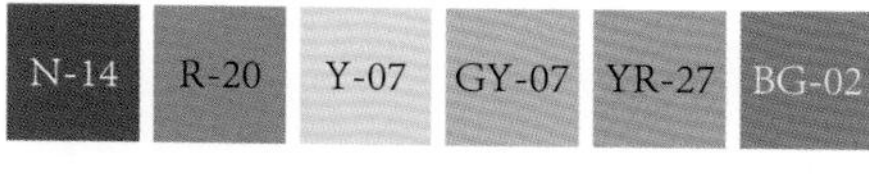

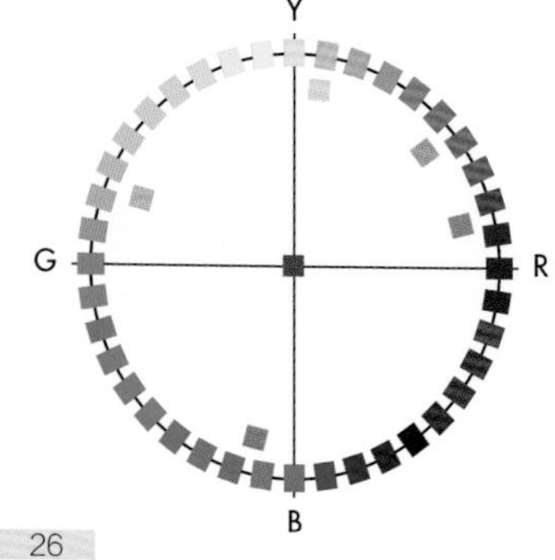

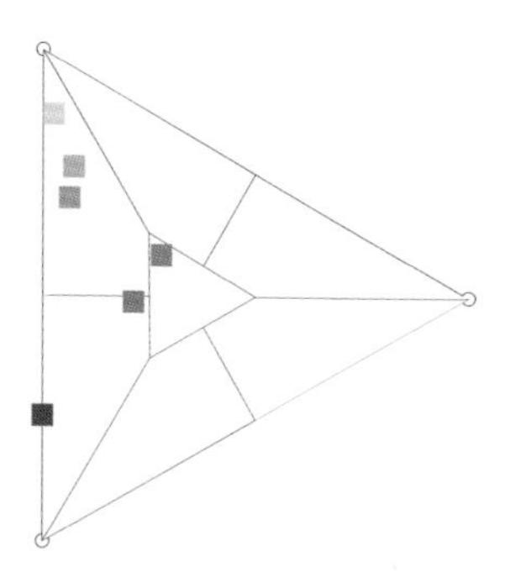

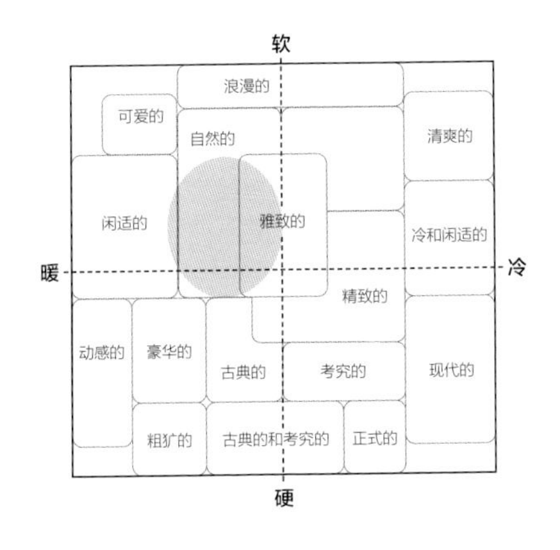

童年记忆

本组配色整体呈现淡淡褪色感的朦胧柔和味道。以暖色调的浅粉色、浅棕色和米白色为主色，配色意象温馨，充满回忆感。

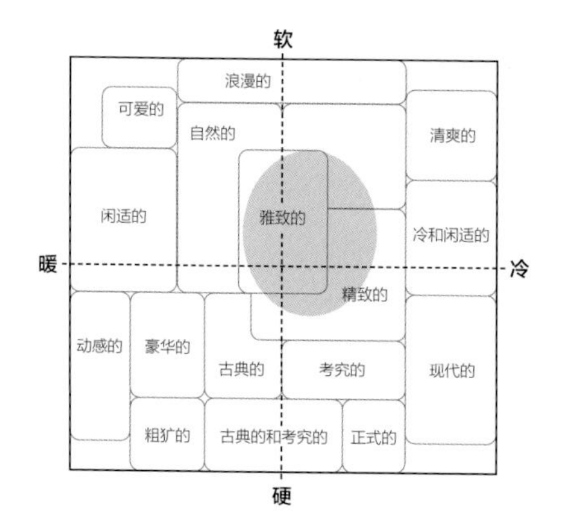

夏日青柠

将冷色调的蓝色和绿色面积比例放大作为主色，与较大面积米白色搭配，那么整体配色意象仍偏柔和多一些，表现出夏日清凉舒适的感觉。

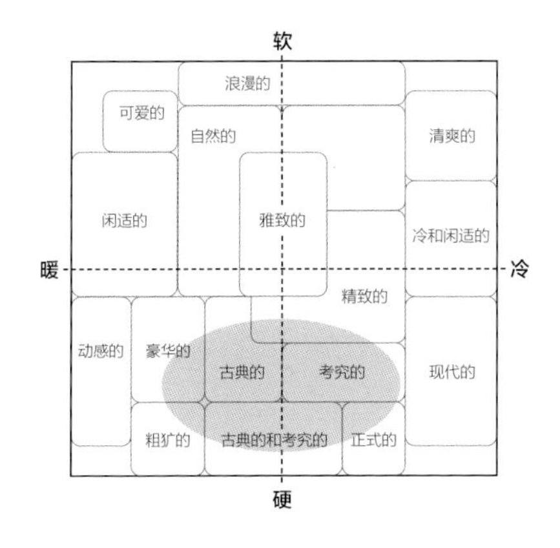

回忆时间

将深灰色作为主色，与淡彩的粉色、浅棕色和蓝色搭配，使整体配色明度对比关系强烈，层次感丰富，多了几分稳重感。

2.3 配色组合三

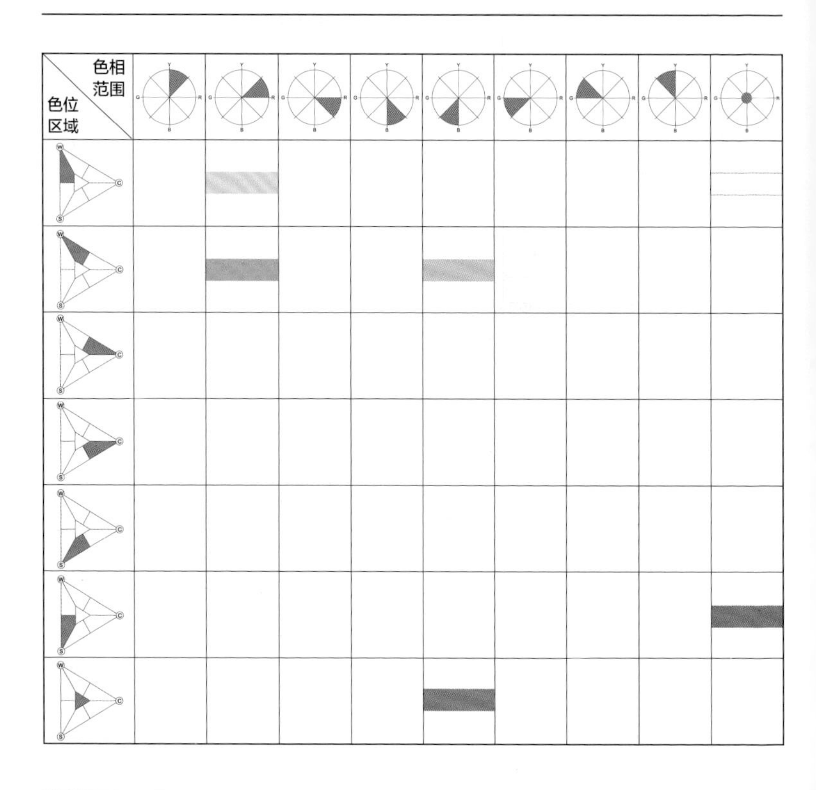

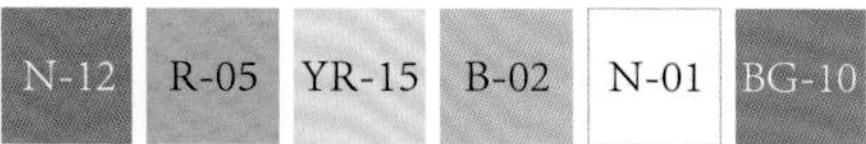

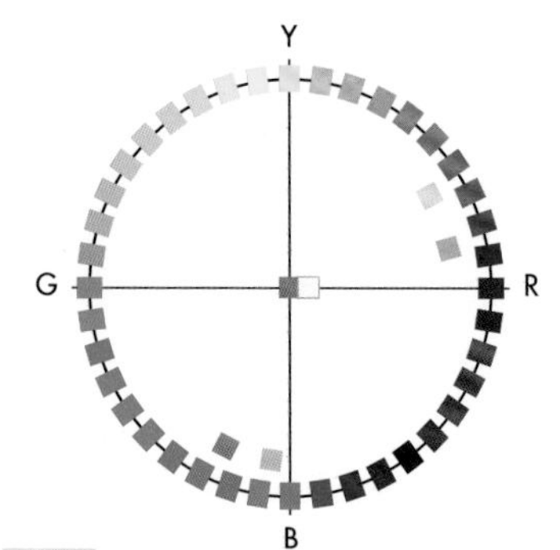

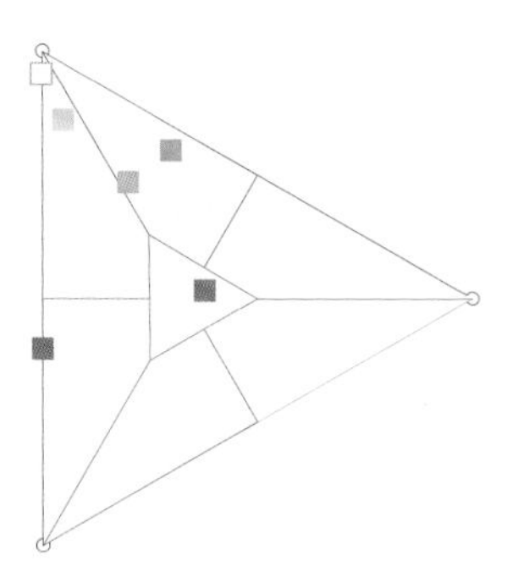

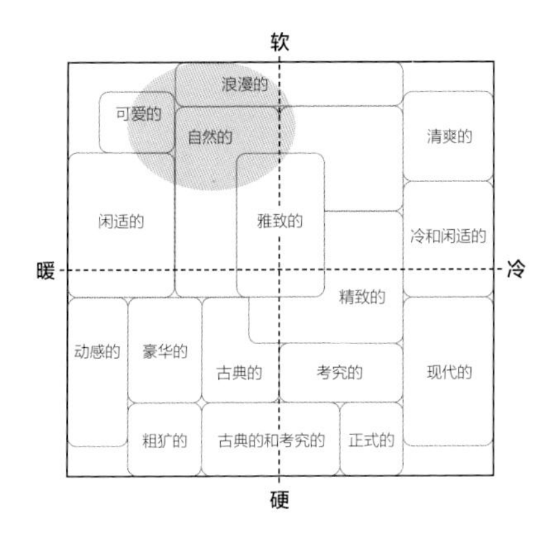

奶油草莓

以明媚的浅粉色 、浅橘色和白色为主色，清新的冷色调只作为小面积点缀色，整体配色氛围呈现明亮柔软的橘粉色调，表现为可爱、少女之感。

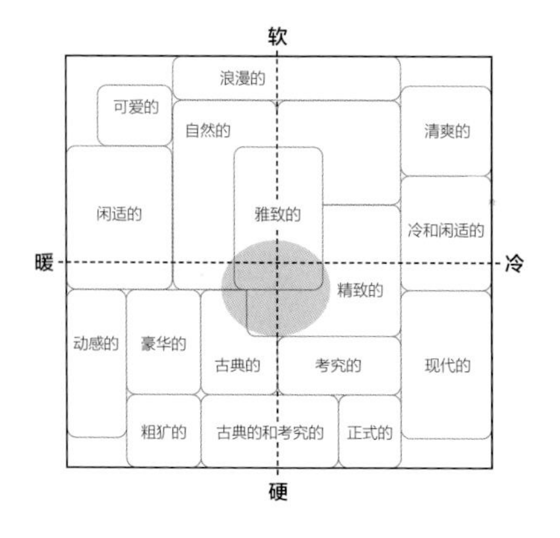

欢乐一夏

将蓝绿色和灰色面积比例放大，作为主色或较大面积的辅助色。蓝绿色和粉色呈对比色搭配，整体配色较为鲜艳，呈现出活跃欢乐之感。

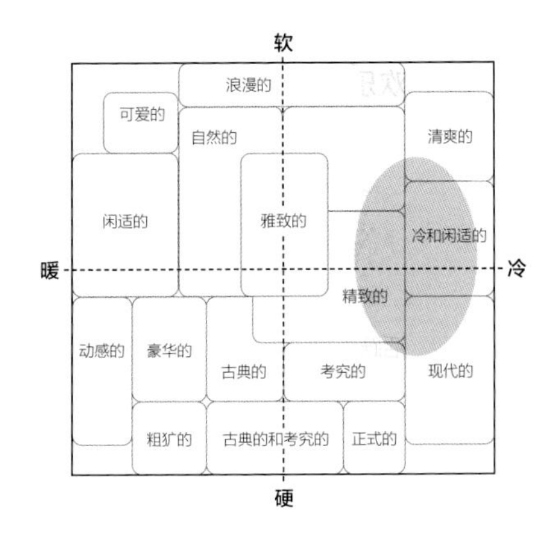

心旷神怡

只将浅淡的橘色作为点缀色，整体配色呈现为蓝绿色和浅蓝色的较强明度对比搭配，作为邻近色搭配，使整体氛围更和谐清爽。

2.4 配色组合四

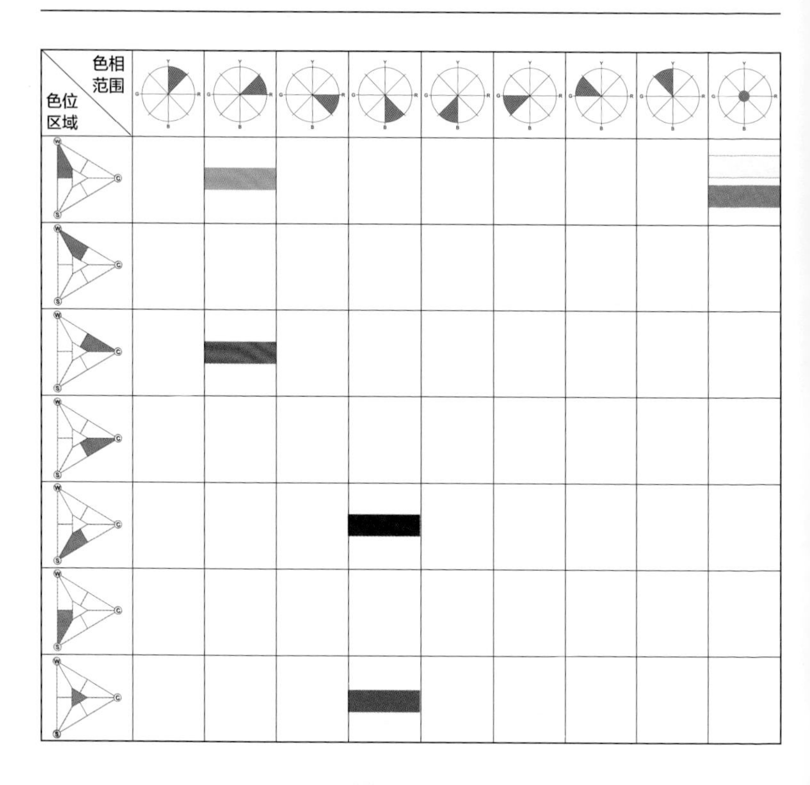

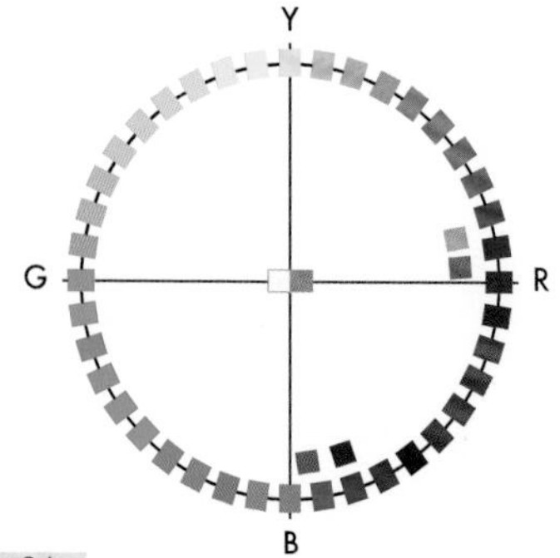

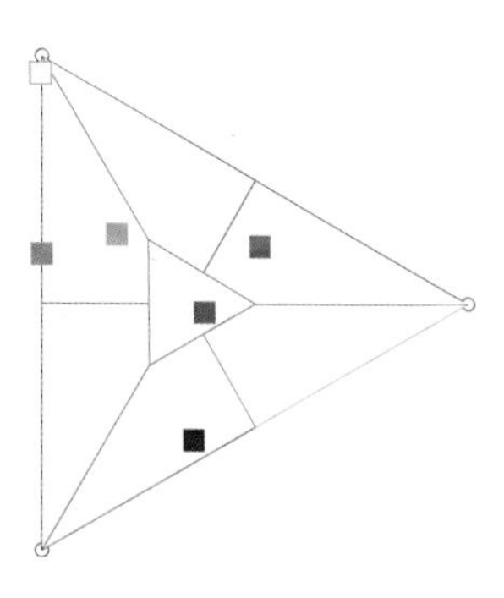

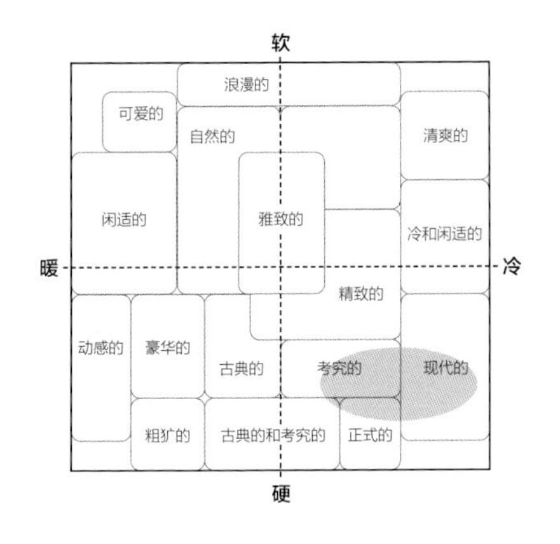

深沉智慧

以低明度的两种蓝色为主导，整体色调比较重，蓝色表现出睿智的深沉感。

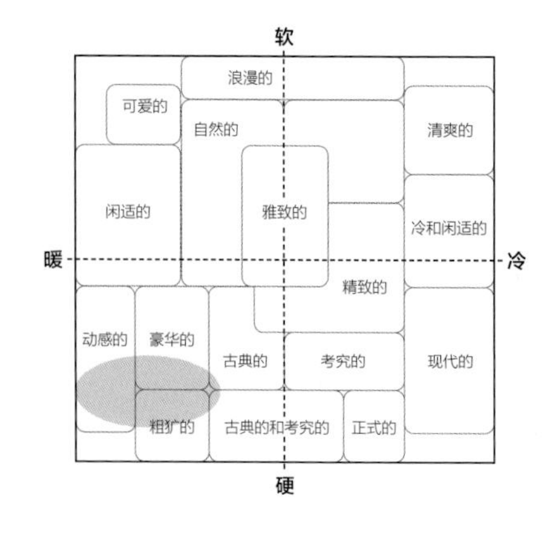

工业现代

将鲜艳明亮的红色和灰色的面积比例放大，作为主要的颜色，此时整体配色中红蓝呈对比色搭配，配色意象变硬，更具工业感。

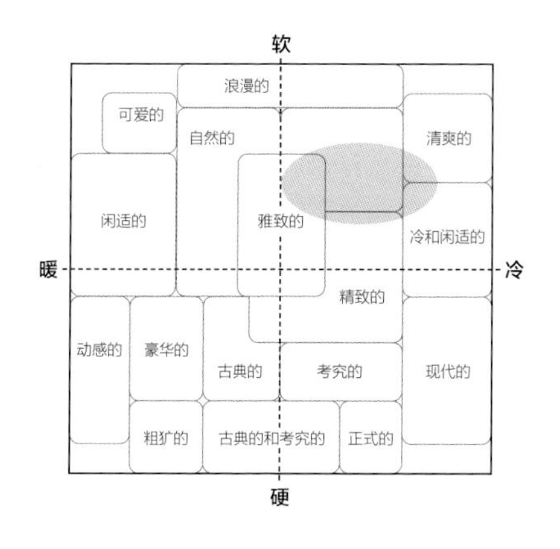

去繁从简

本组颜色明度对比关系明显变弱，以浅粉色和白色为主色，整体配色就呈现明亮浅淡的色调，更加柔和、干净。

2.5 配色组合五

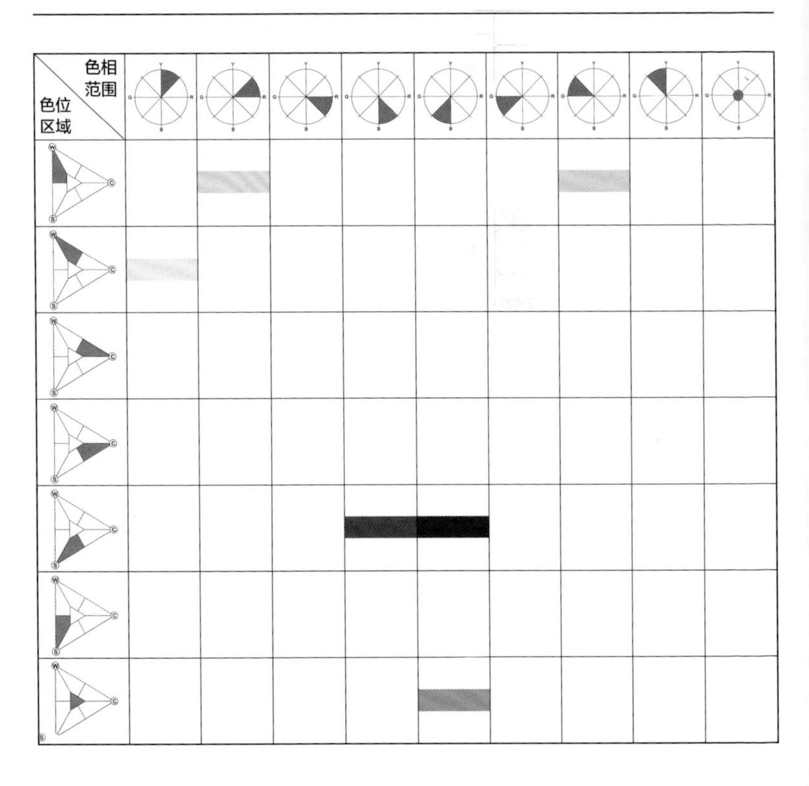

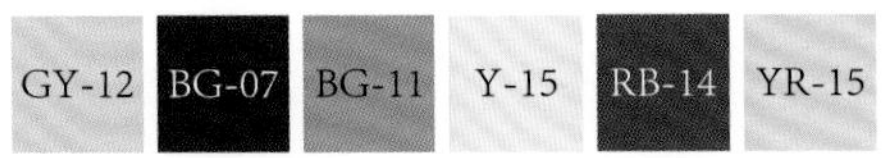

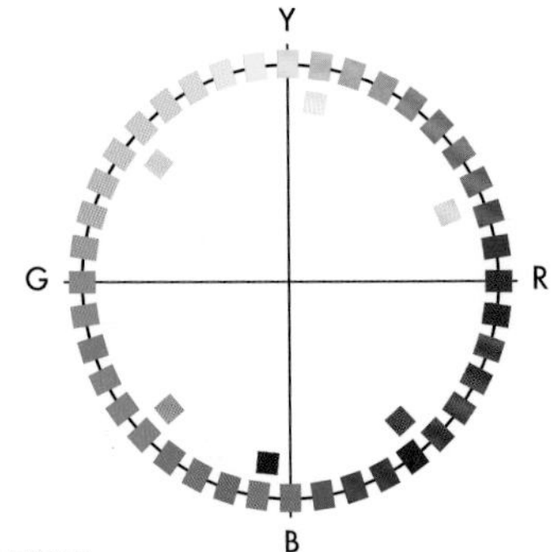

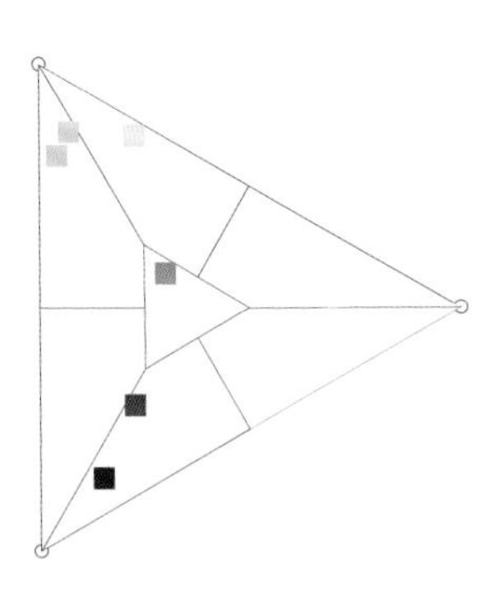

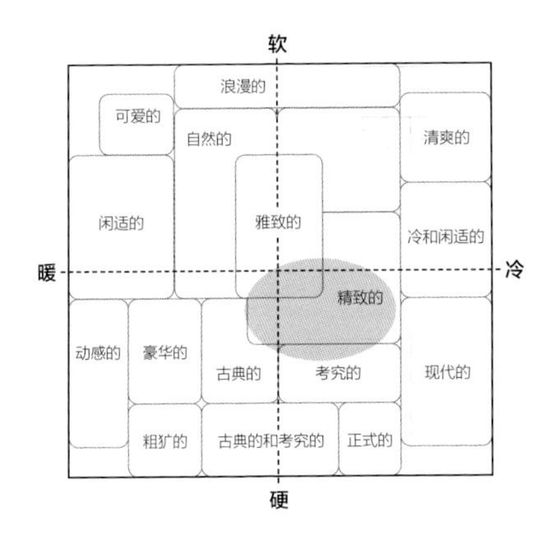

童话城堡

以柔和的浅粉色和明丽的蓝绿色为主色，深紫色为辅助色。此时整体配色呈明度强对比，同时紫色和蓝绿色的色相对比较强，配色意象层次丰富跳跃，更显活泼。

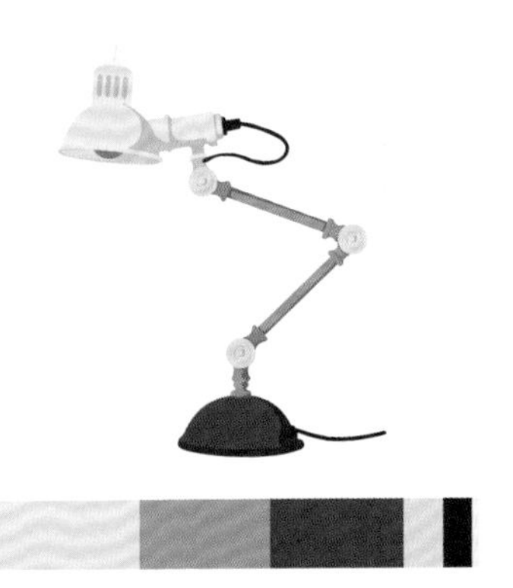

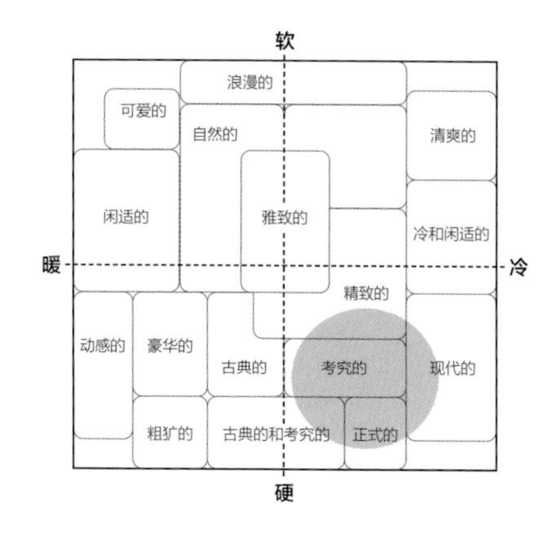

怪奇物语

将深紫色和深蓝色面积比例放大，作为主色和辅助色，使整体配色氛围呈现低沉的神秘感，趣味性更强。

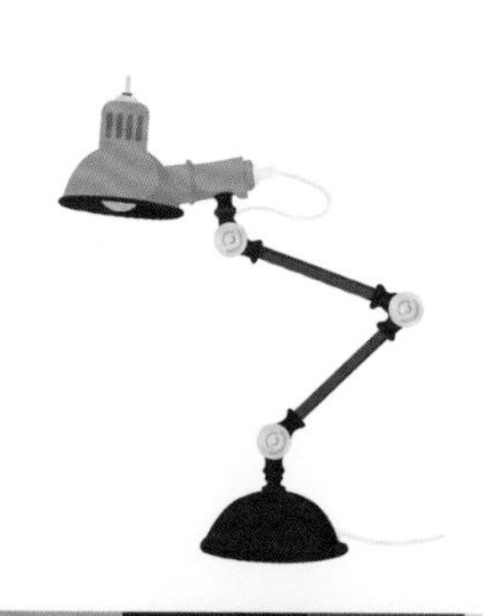

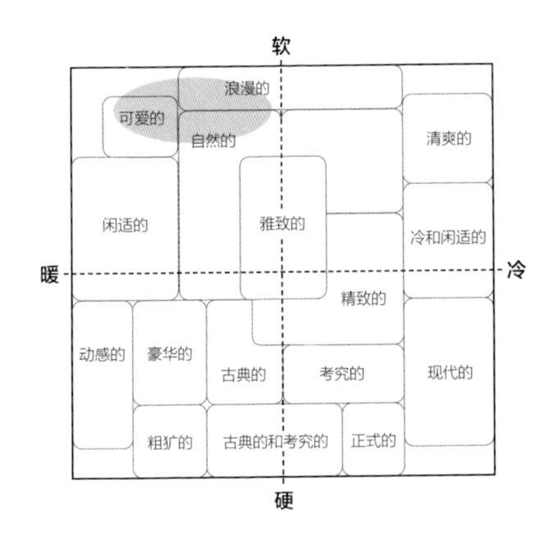

稚嫩柔软

浅黄色、浅粉色和浅黄绿色作为主色和辅助色，这几个颜色对比关系极弱，整体配色就呈现为明媚且和谐的暖色调，明亮柔和、稚嫩柔软。

2.6 配色组合六

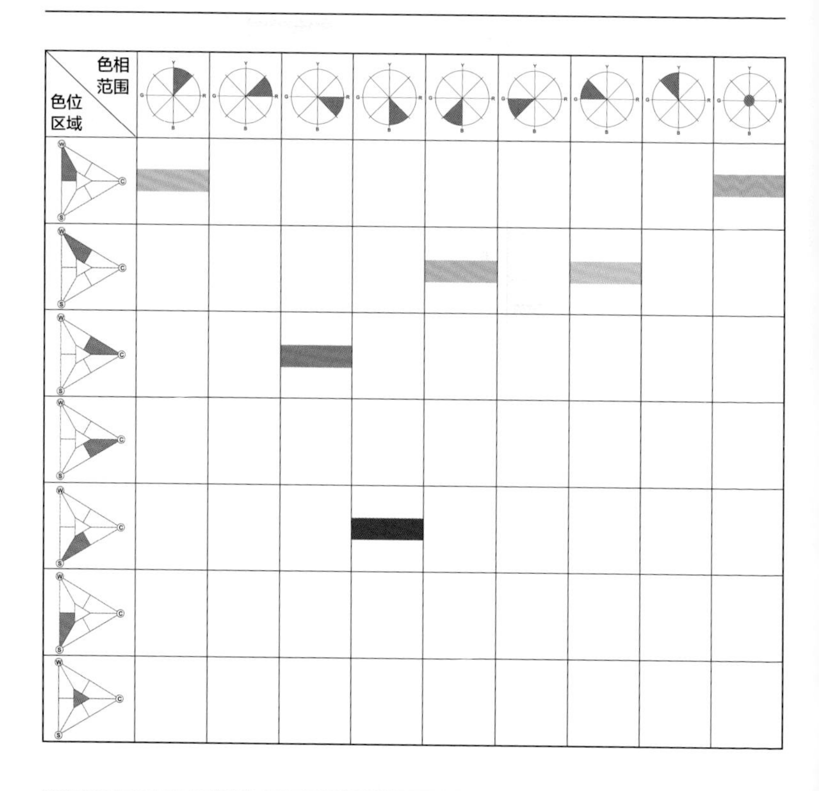

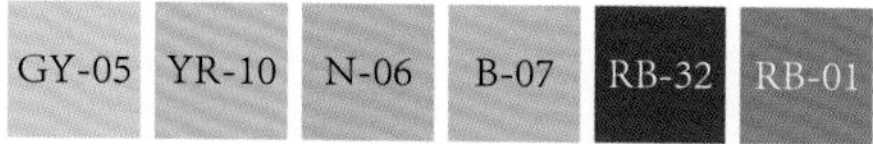

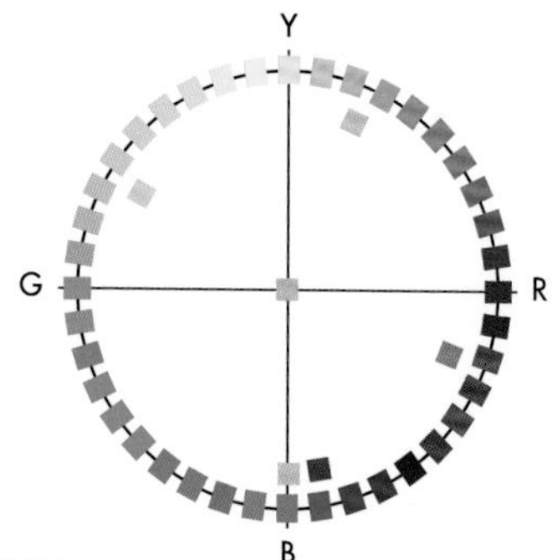

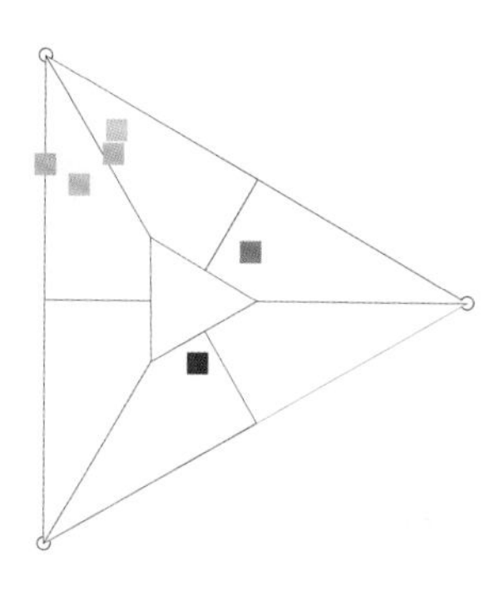

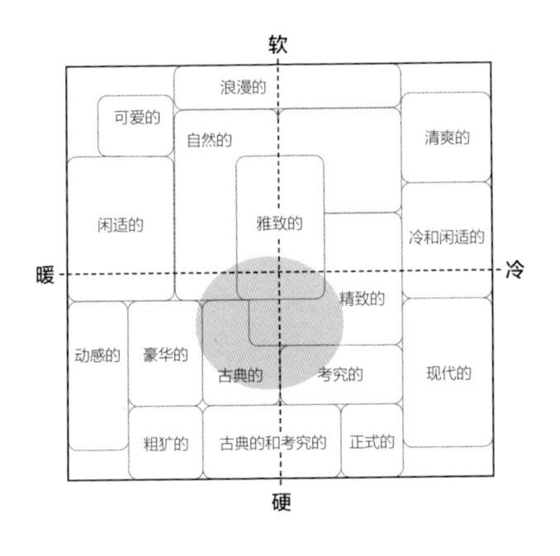

童年校园

适度明亮的粉色和深蓝色、柔和的浅蓝色和浅黄色面积都较大，此时配色对比明显，蓝色和粉色作为较突出的对比色搭配，使整体更鲜活。

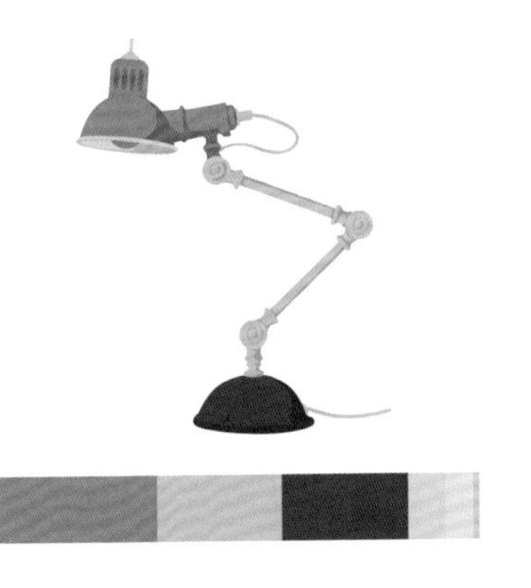

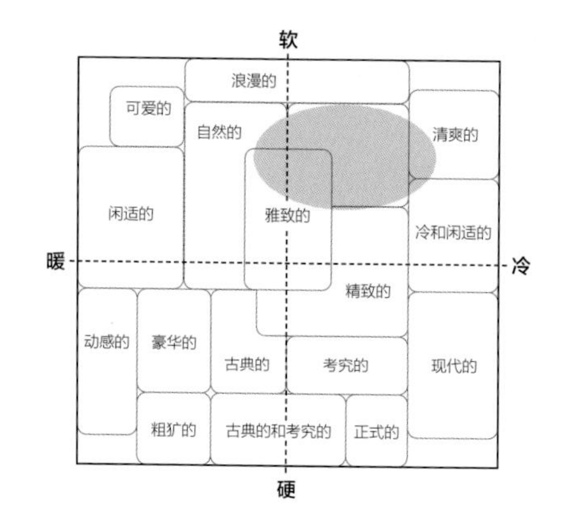

清新脱俗

将柔和的浅灰色、浅蓝色、浅绿色作为主导颜色，整体配色意象明显变软，更有清新少年气息。

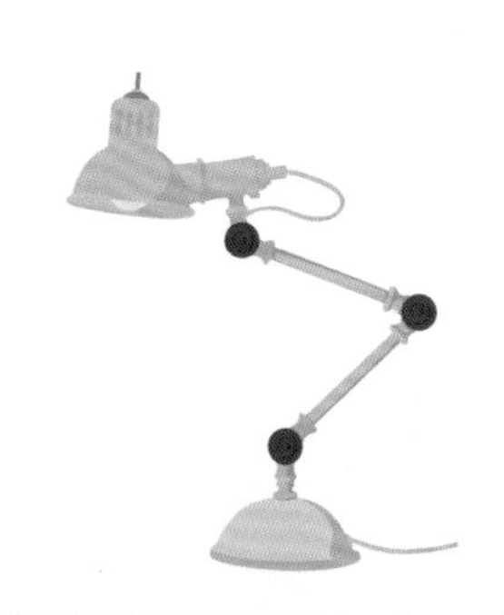

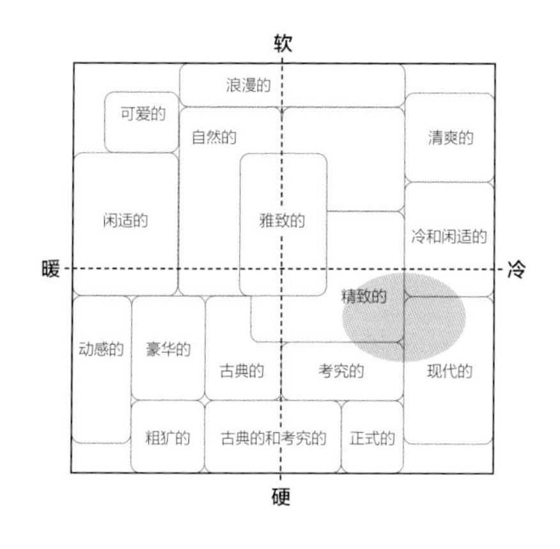

少年心气

深蓝色作为主色，与浅蓝和浅灰形成强烈明度对比，整体配色意象变硬，显得更睿智、冷静。

2.7 配色组合七

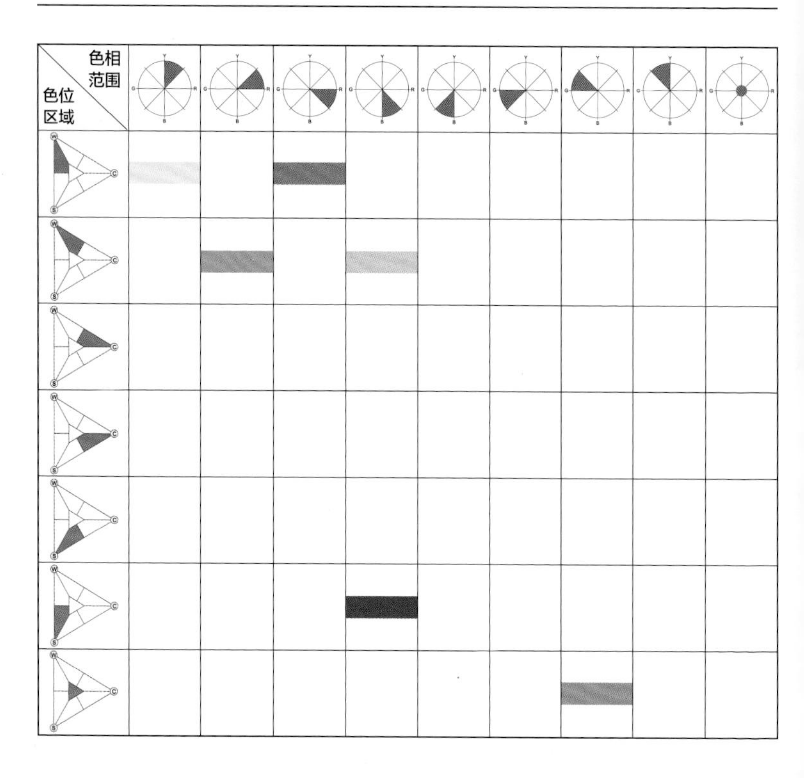

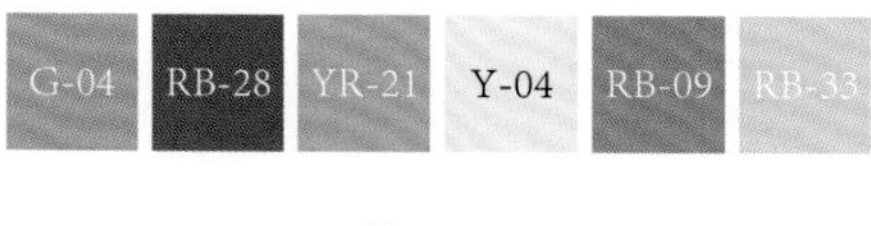

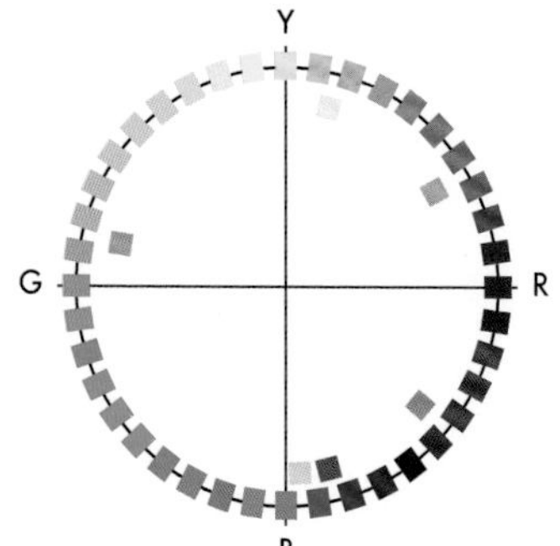

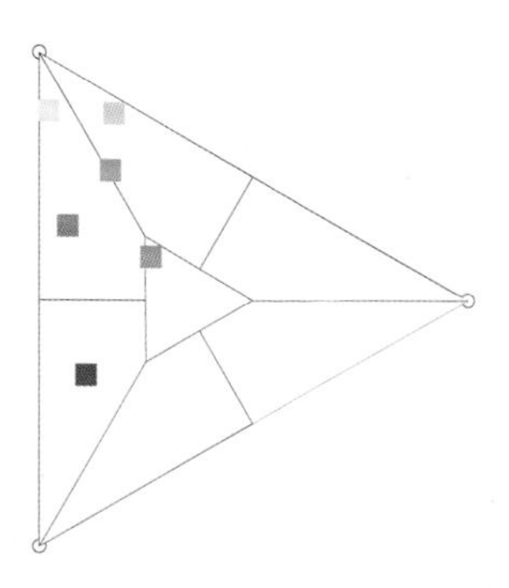

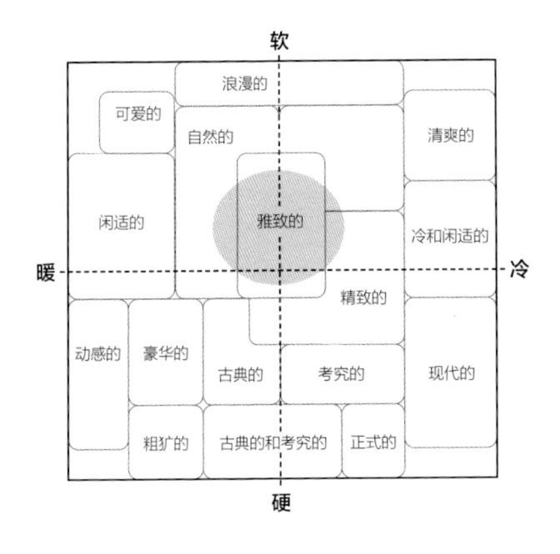

小确幸

清新浅淡的白色、浅粉色、浅蓝色、浅绿色为主导色，整体配色对比较弱，那么配色意象就显得明亮柔软，小清新感十足。

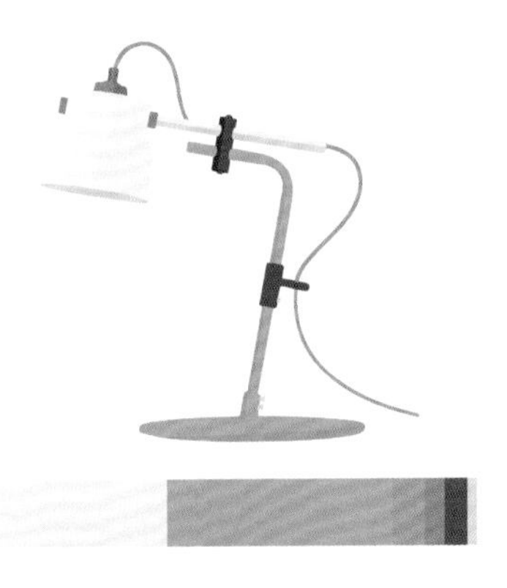

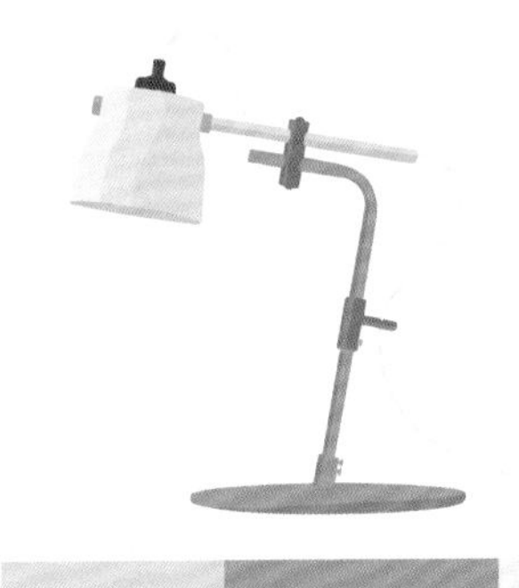

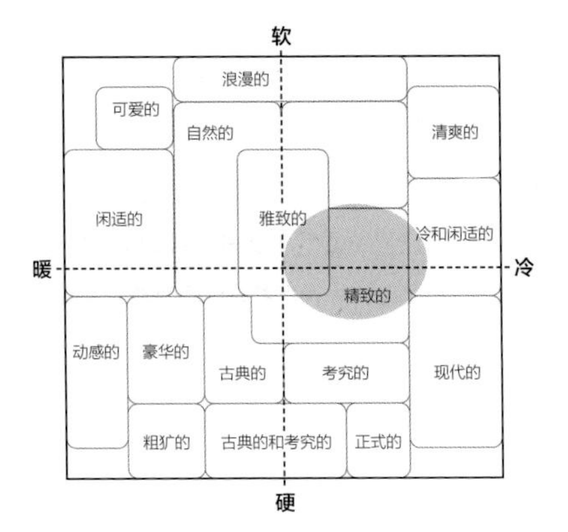

自然的诗

将灰紫色和深蓝色面积比例放大，与绿色共同构成主要的色彩关系，使整体配色明度对比加强，配色意象变硬，表现为平静柔和的冷色调。

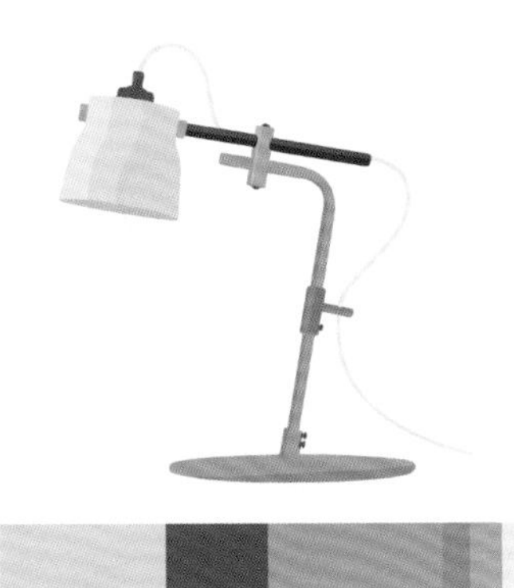

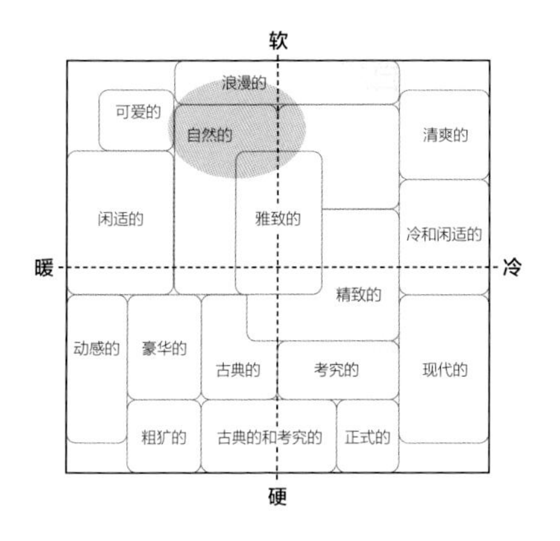

极简主义

该组配色明度对比更弱，白色面积比例放大作为大面积主色，整体配色意象表现为浅色的极简柔和风格。

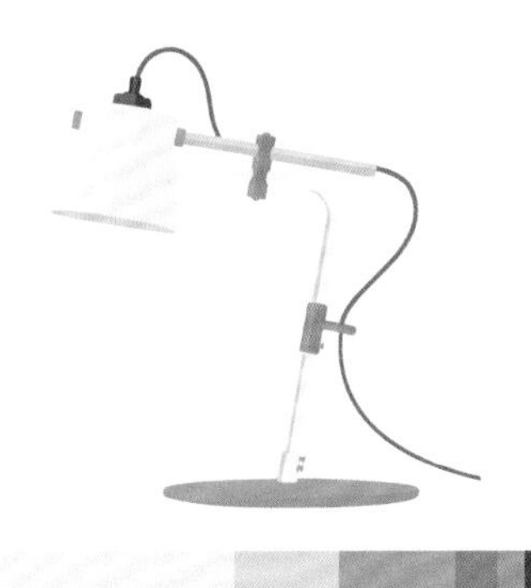

2.8 配色组合八

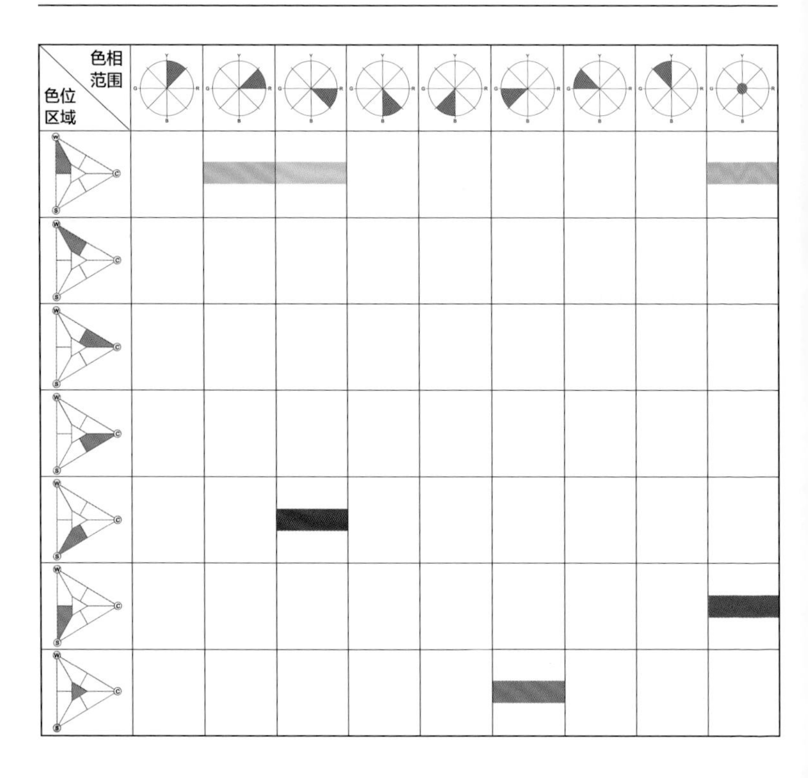

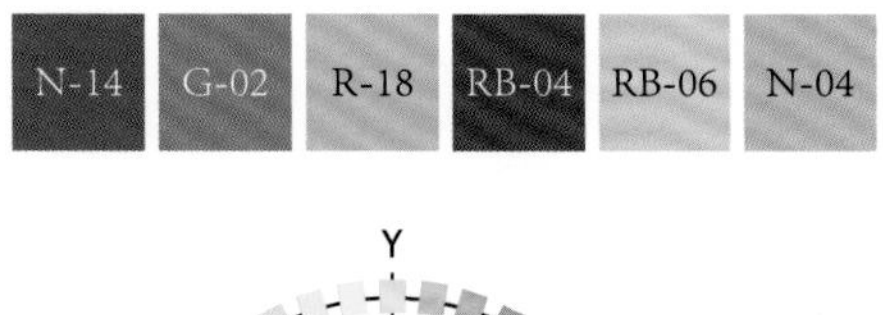

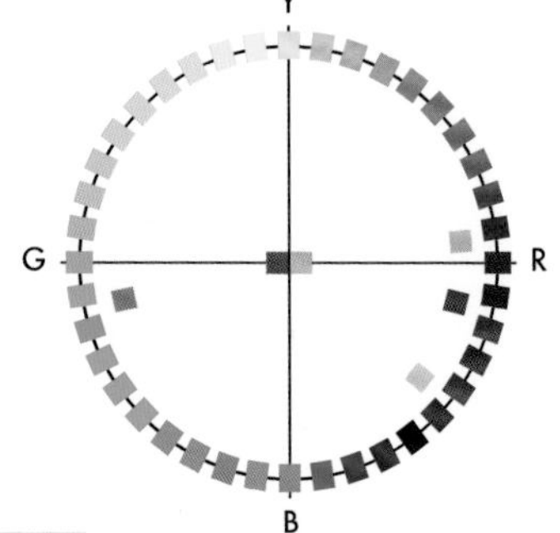

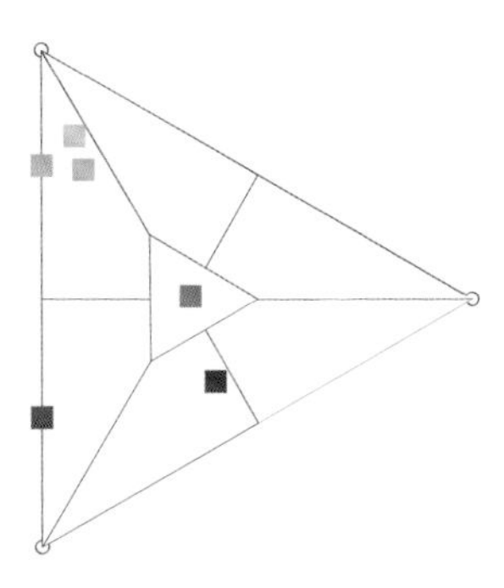

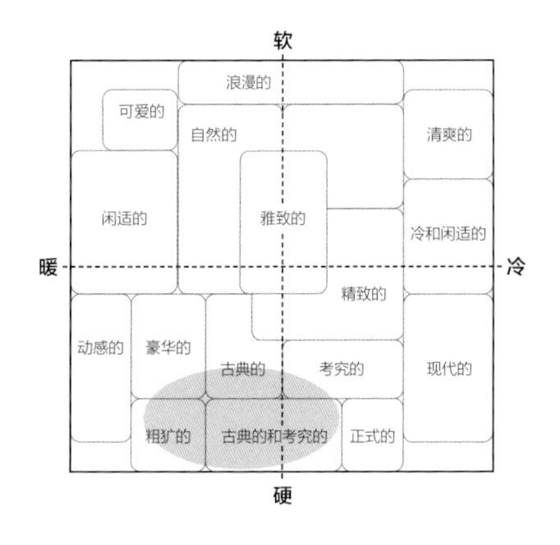

潮流复古

以深灰色、深玫红色、绿色组成主要的色相关系，构成典型的补色对比，而深灰色在其中所占的比例让整体配色显得成熟稳重。

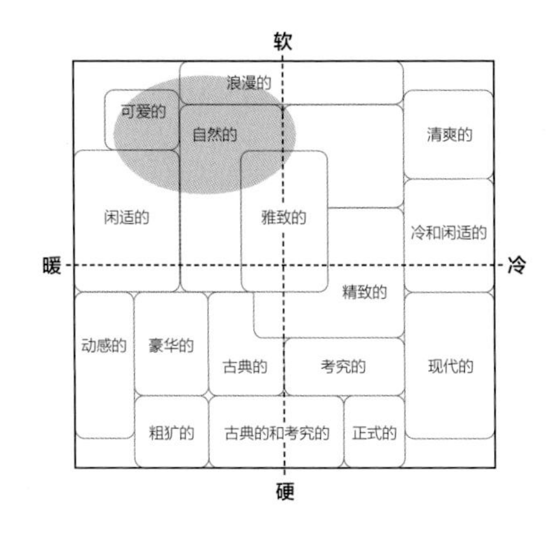

清浅恬静

浅粉色、浅灰色、浅紫色为主要颜色，此时整体配色表现为极浅淡且明亮干净的暖色调，整体配色对比极弱，配色意象明显变软，十分轻盈。

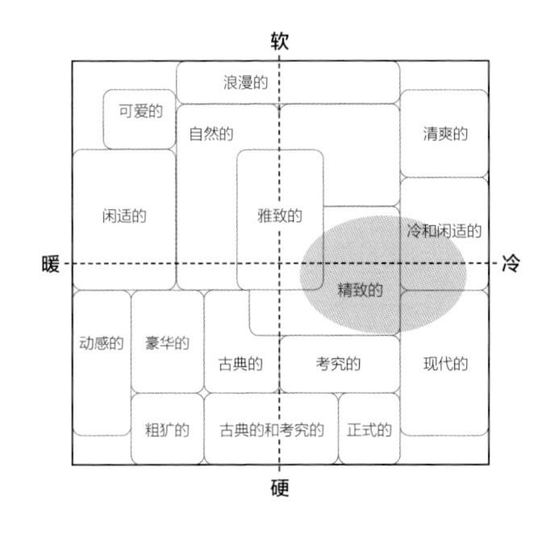

冷淡简约

深灰色搭配浅灰色是本组配色的基调，适当的浅紫色的加入让整体的配色明度对比明显，配色意象偏冷，更具无彩色的极简气质。

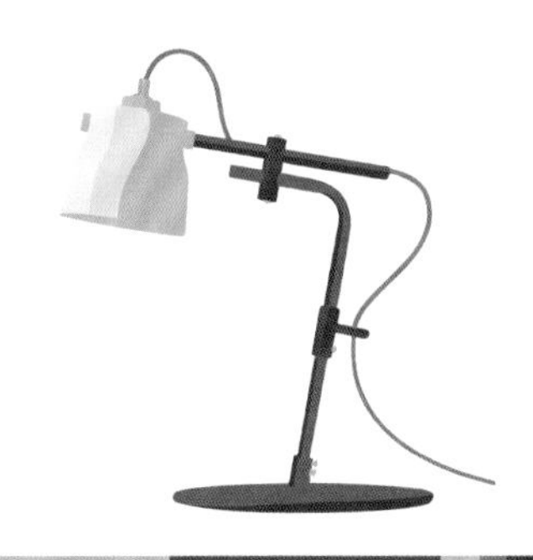

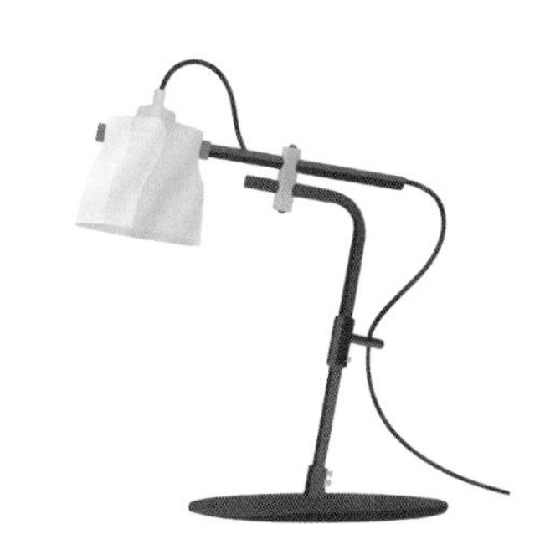

软装产品色彩搭配提示

策划时的场景预判

和所有的产品一样，消费者在选择软装产品时，也一定会经历“一见钟情”的视觉吸引和“再见倾心”的体验吸引。这种产品选择模式与精神需求高度相关，这就让产品色彩在策划和研发阶段必须经过准确的客户定位和分析。而软装产品的使用场景可能是室内环境，可能是家居环境，也可能是办公环境，或者是酒店、餐饮空间，等等。因此，软装产品在做色彩研发和设计时，除了必须考虑目标客群定位，还必须作出使用场景的预判。

图 28　图 29

图 30　图 31

图 28 ~图 31 这四把款式相同、配色不同的椅子，分别都适合什么样的场景呢？应该如何向潜在消费者传达使用场景的信息呢？

第 3 章

产品色彩的意象氛围

音响产品

3.1 配色组合一

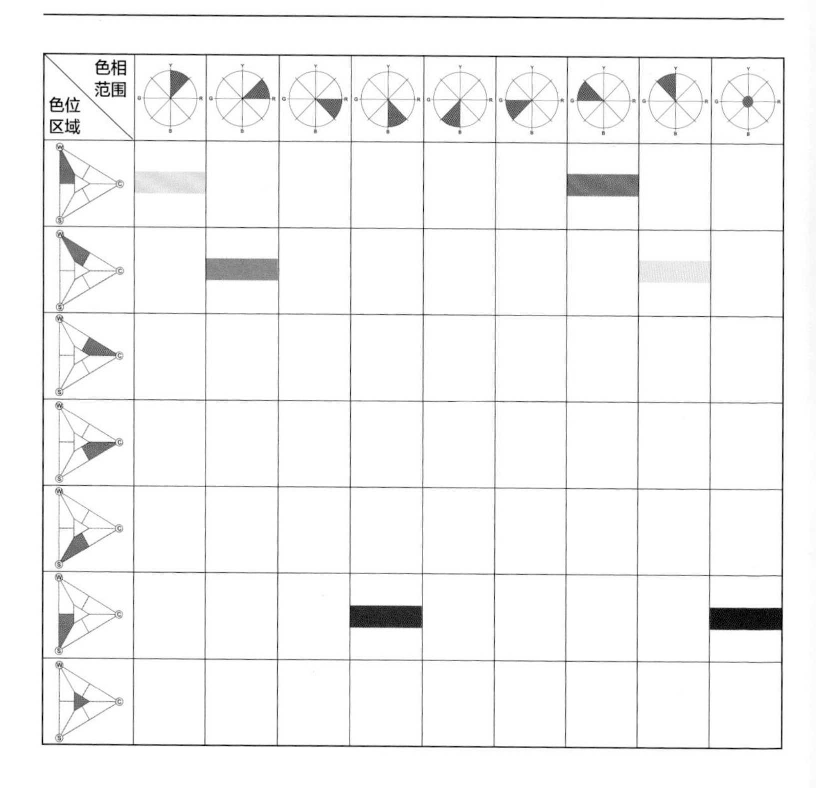

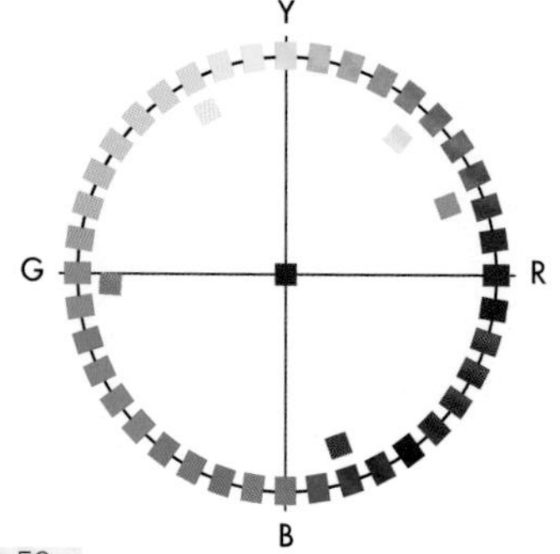

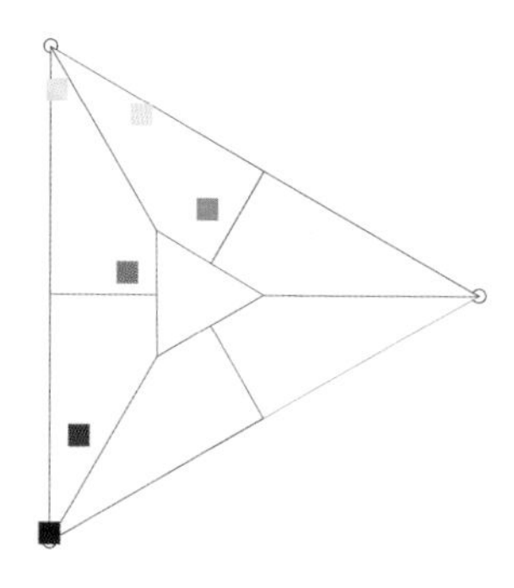

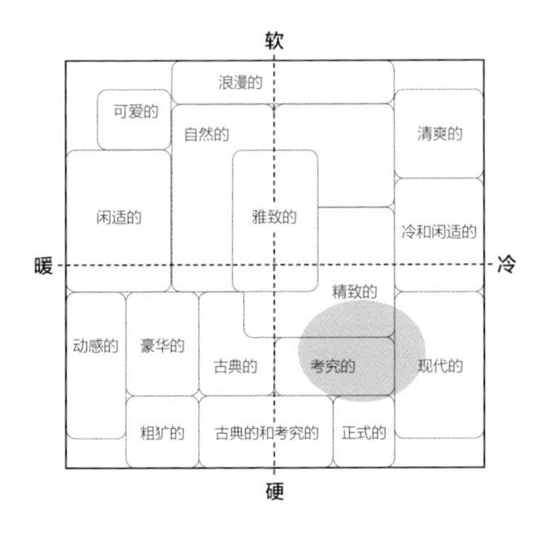

年代情怀

明度较低的蓝色、绿色、黑色，与明度较高的黄色形成强烈的明度对比，色彩意象比较硬，更有深沉感和年代感。

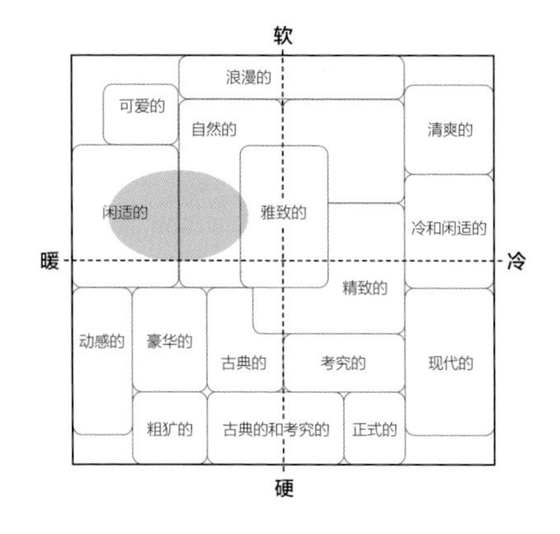

娇俏纯美

将明度较高的黄色、珊瑚红和米白色的面积比例放大，配色的整体明度对比变弱，表现出柔软、明亮、娇俏的暖色调。

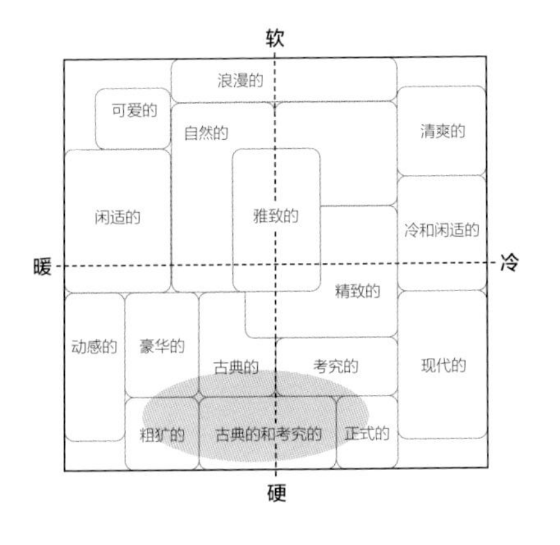

复古回味

将黑色、蓝色、绿色的面积比例放大，与珊瑚红而非黄色作对比，相比第一组配色，色彩氛围就更硬，动感更强，复古感更浓。

3.2 配色组合二

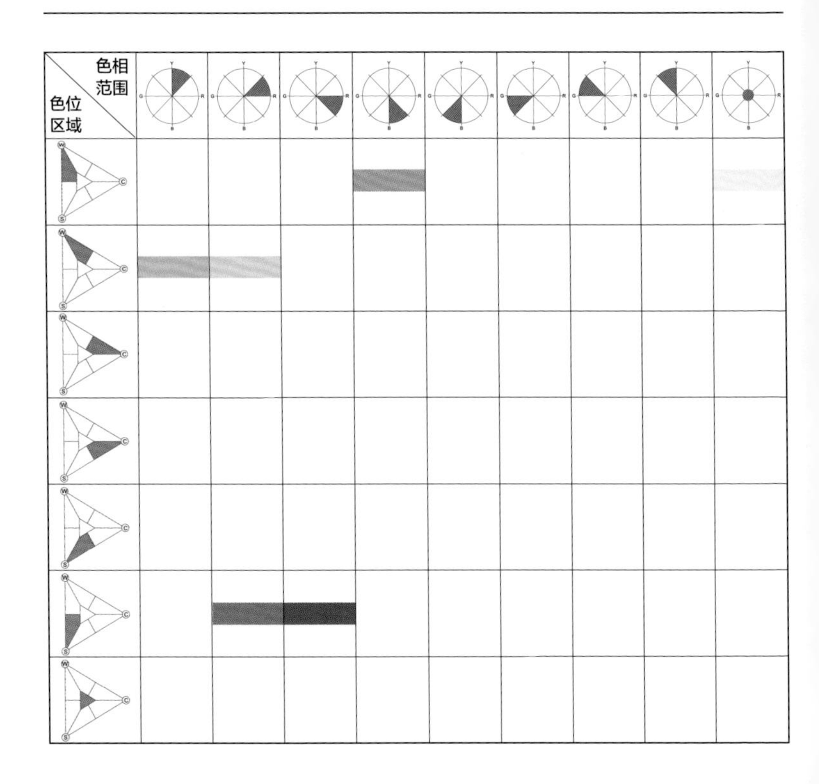

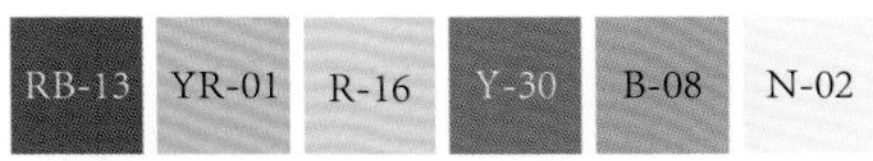

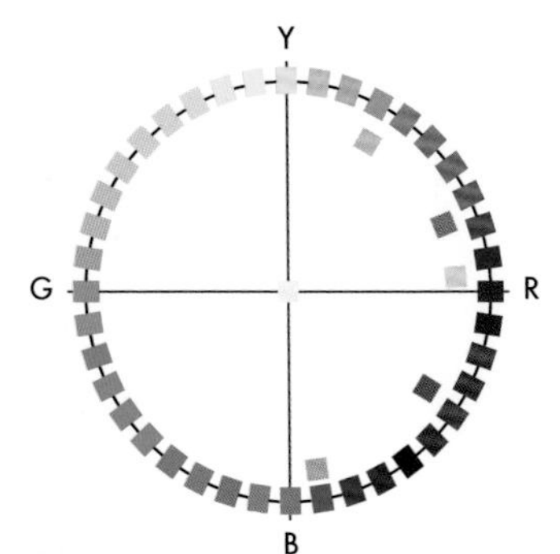

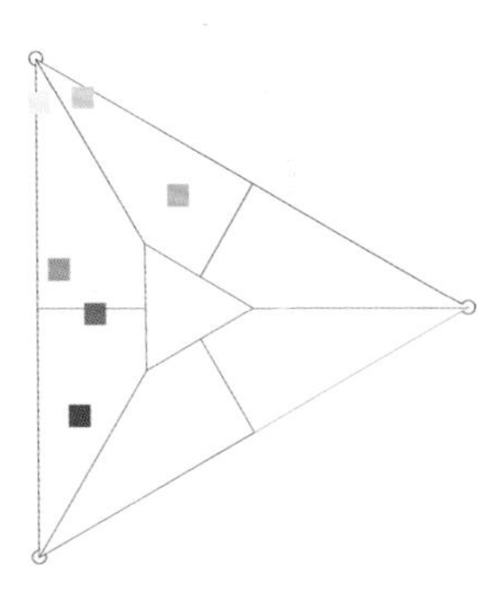

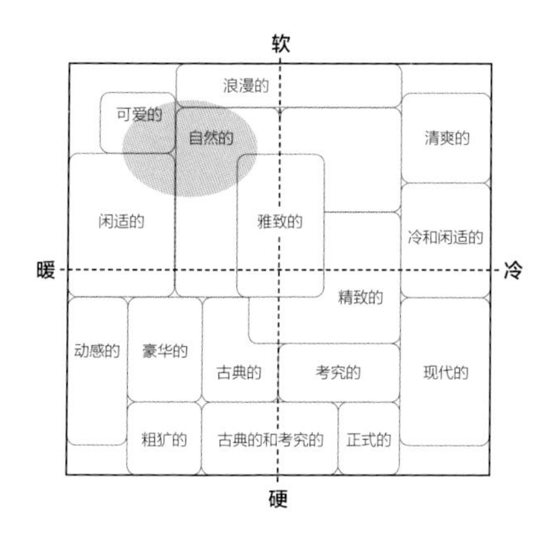

花样年华

本组配色的明度对比较弱，占主导的颜色都比较浅，整体配色意象就变得很软。暖色为主的配色，也让这种柔软充满“小确幸”之感。

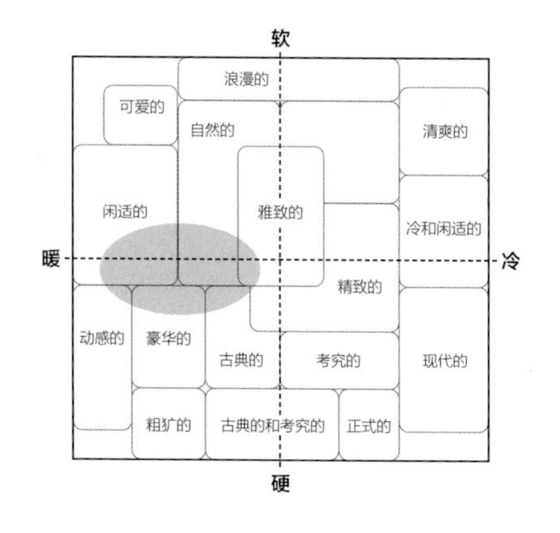

温暖含蓄

放大色谱中棕色的面积，适度加大配色中的明度对比，让配色整体看起来更质朴、有温暖感。

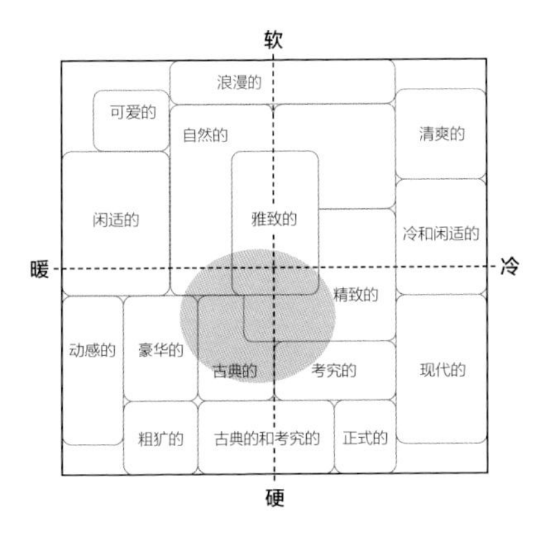

奇妙神秘

因为色谱中紫色的明度较低，因此当放大紫色面积时，整体配色意象会变硬，呈现更加沉稳的气质。而紫色本身的华丽和神秘特质，也让配色变得精致又特别。

3.3 配色组合三

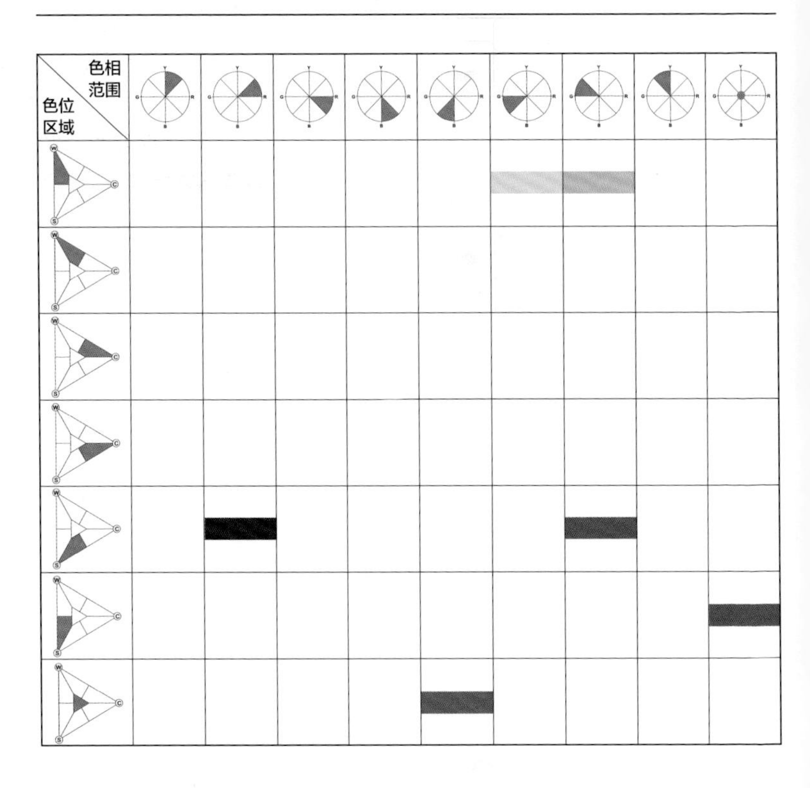

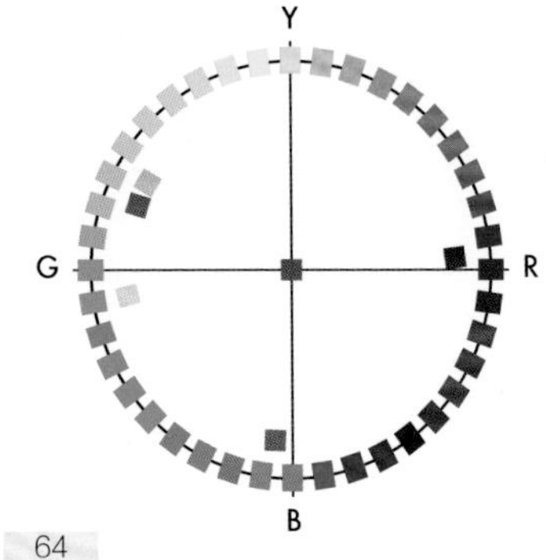

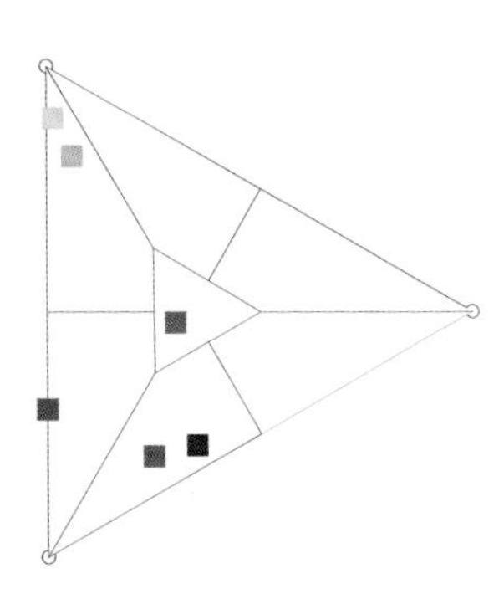

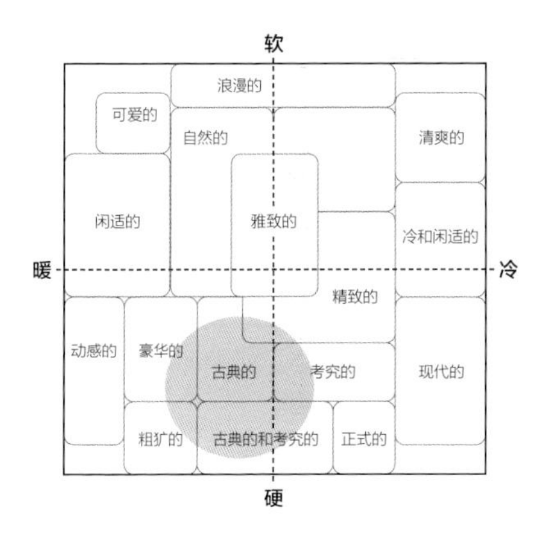

复古时髦

深酒红色与绿色、蓝绿色调组合，搭建起浓郁的复古基调。加入深灰和浅灰作色彩明度层次上的调节，整体配色意象更硬，表现考究。

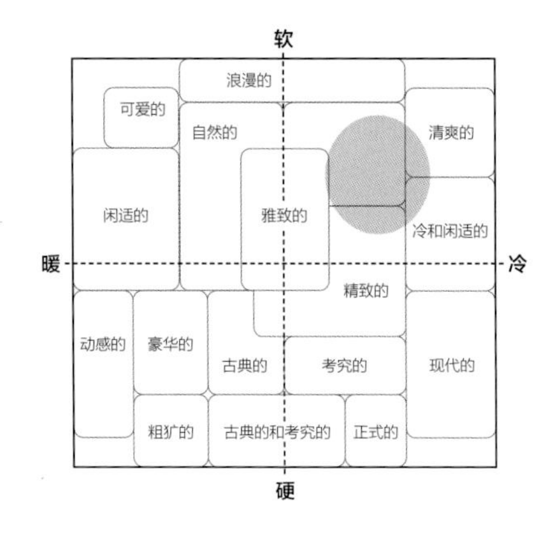

薄荷清香

加大浅绿色的面积，将浅绿色与浅灰色作为色彩搭配的基调，产品的情感表达立刻变得清爽且柔软起来，适当控制蓝绿色的面积，让配色保持清新怡人的柔和色调。

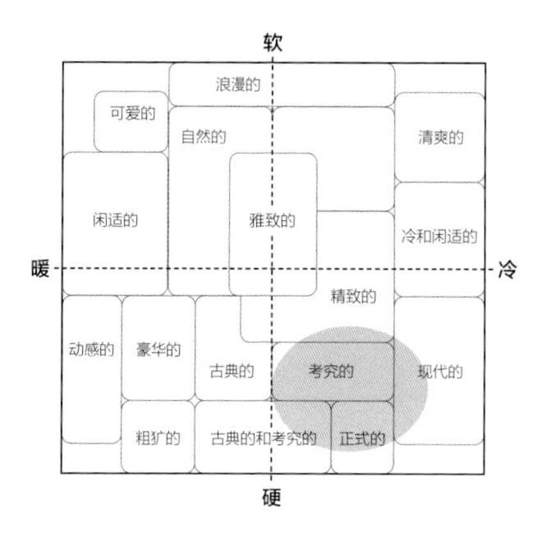

绅士品格

主色变成深灰色和明度较低的蓝绿、橄榄绿色时，产品的色彩基调就变得很重，硬感增加，表现出正式、现代的感觉。

3.4 配色组合四

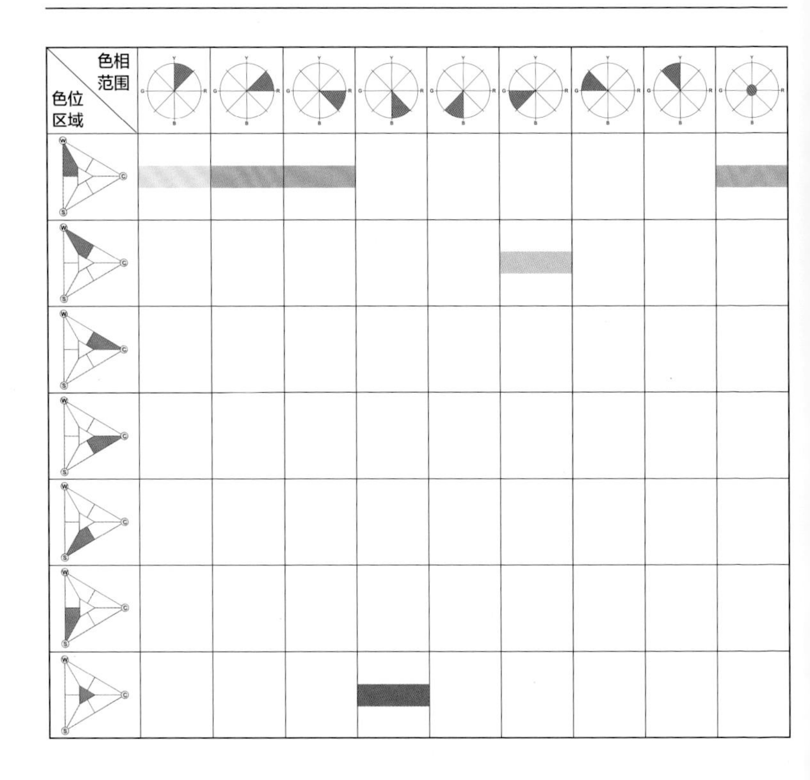

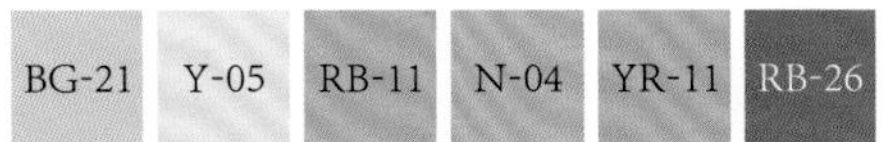

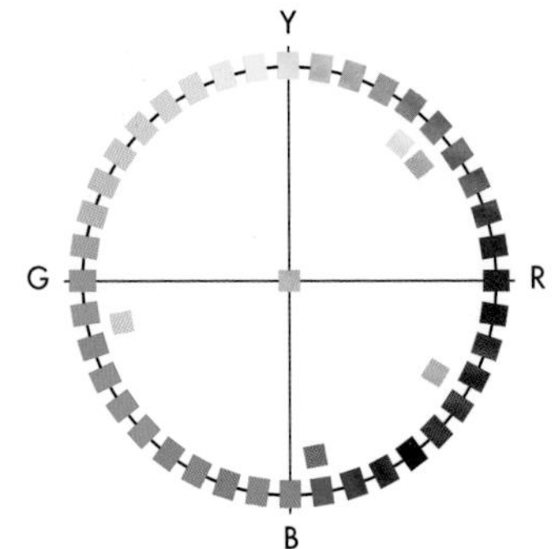

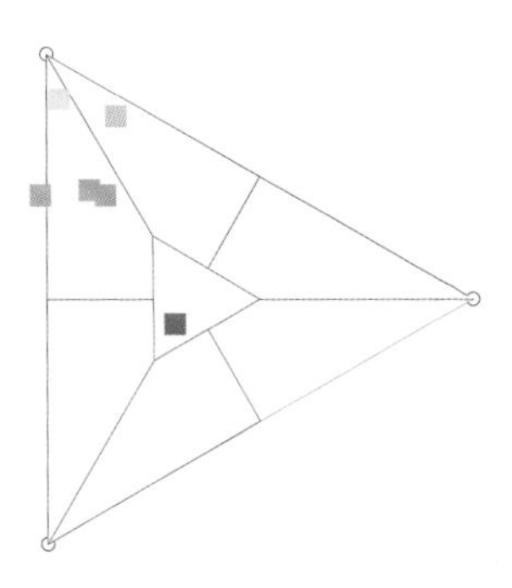

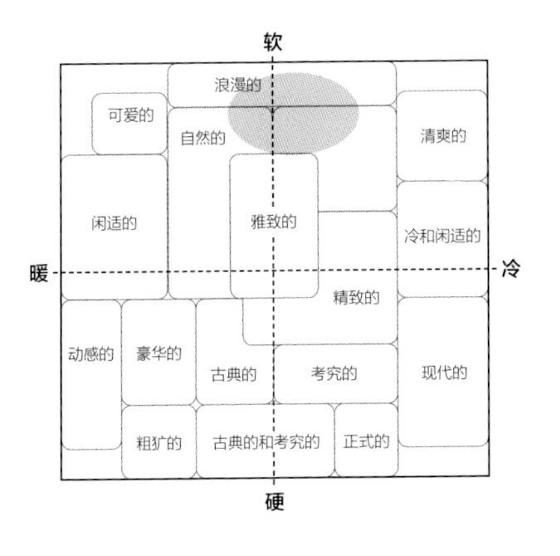

惠风和畅

薄荷绿、米白、浅紫，搭配出明朗轻盈的色调，整体配色柔软，中性略偏冷。表现出清新亮丽、神清气爽的氛围。

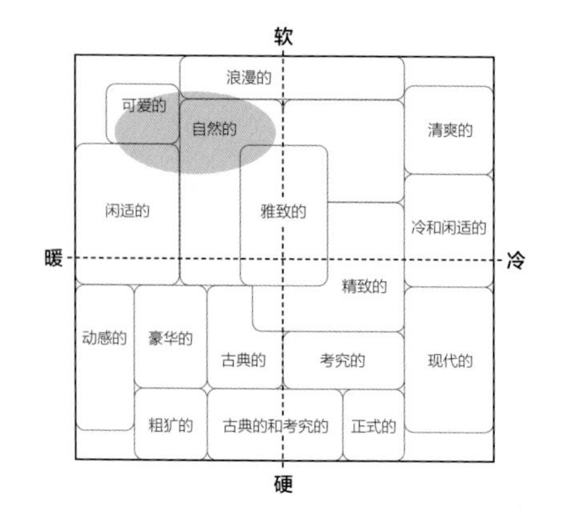

香芋芝士

将浅棕色、灰色的面积比例放大，冷色作为点缀色出现，那么整体配色意象就变得朦胧柔和且色调偏暖。

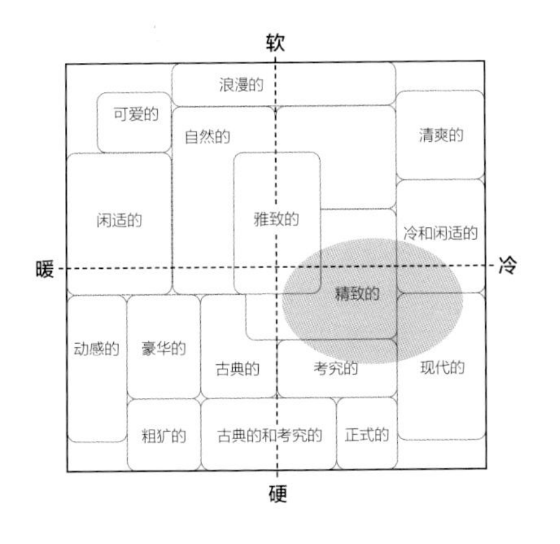

青涩懵懂

将色谱中的冷色调作为主要基调，与其他颜色组合时注意明度的层次变化，建立清新而富有层次感的“学院风”。

3.5 配色组合五

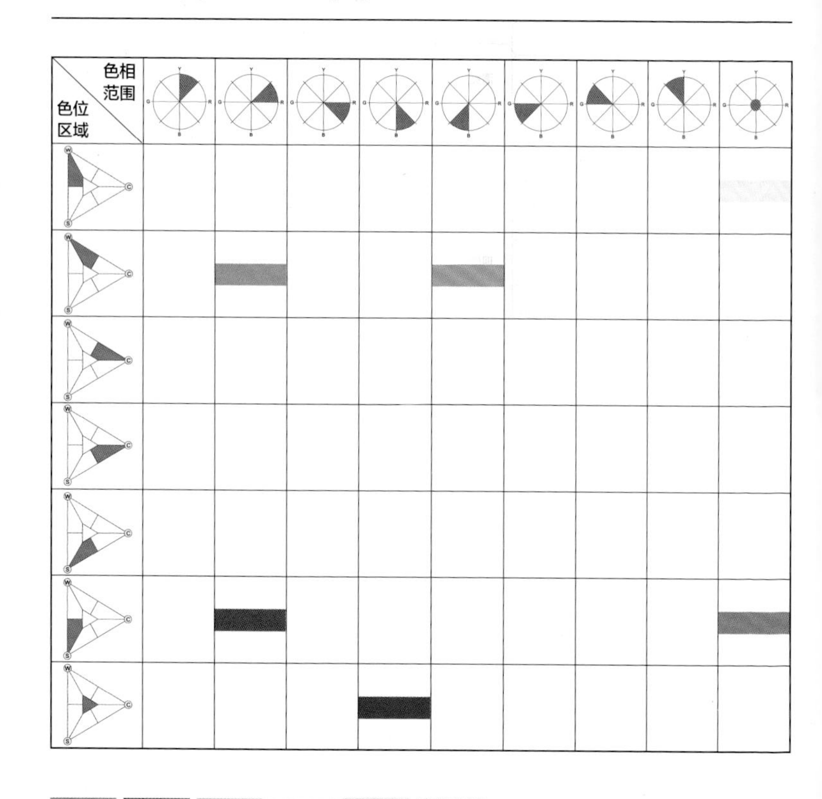

N-09　RB-27　B-03　N-02　YR-05　R-04

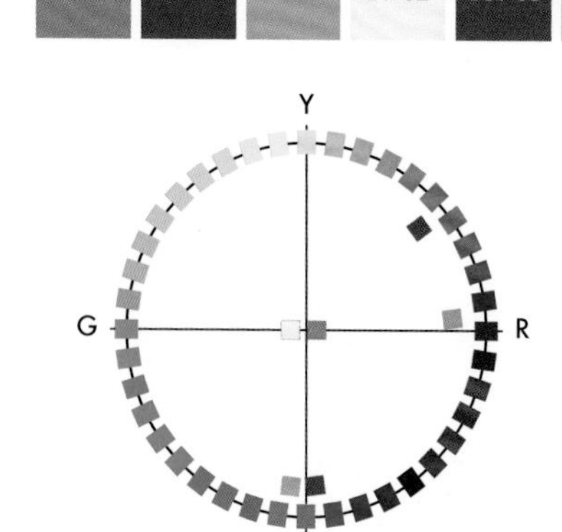

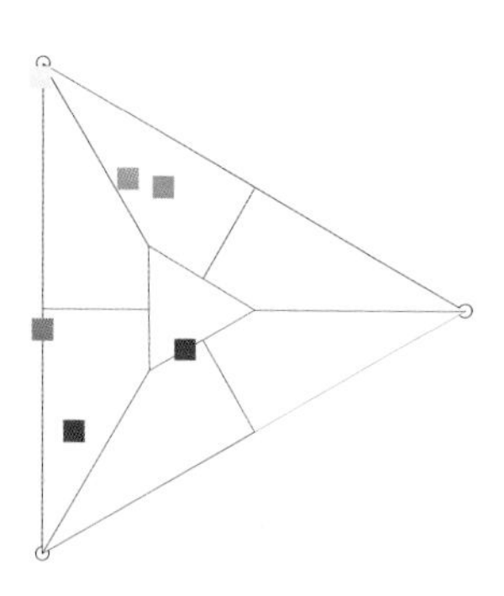

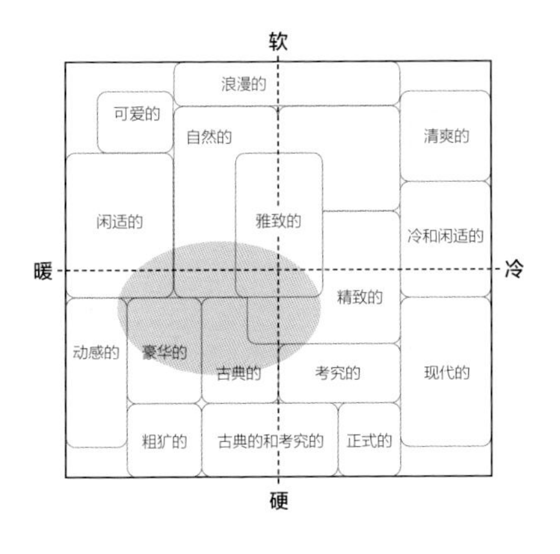

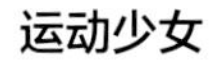

运动少女

本组配色中虽然粉色是主要的颜色，但因为与之相搭配的颜色明度都不高，所以整体配色意象就显得比较硬。在粉色调的主导下，呈现出具有力量感的运动少女形象氛围。

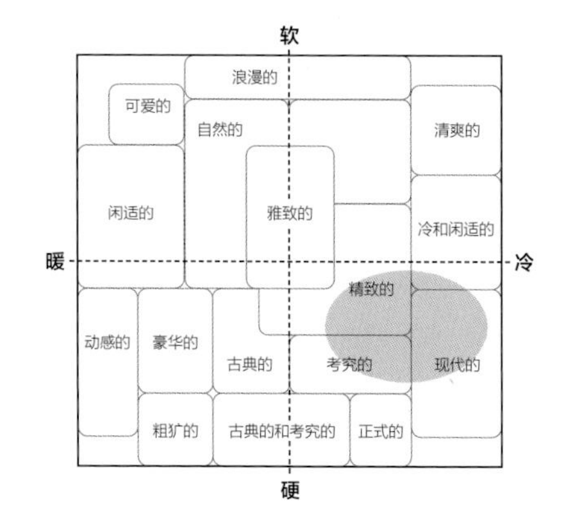

清朗沉静

本组搭配呈明显的冷色调，深蓝和浅蓝是绝对的主导，灰色为辅助色，暖色为点缀。此时，色彩搭配的整体明度对比明确，且为同色系蓝色调组合，配色意象较硬，呈现清冷沉静的氛围。

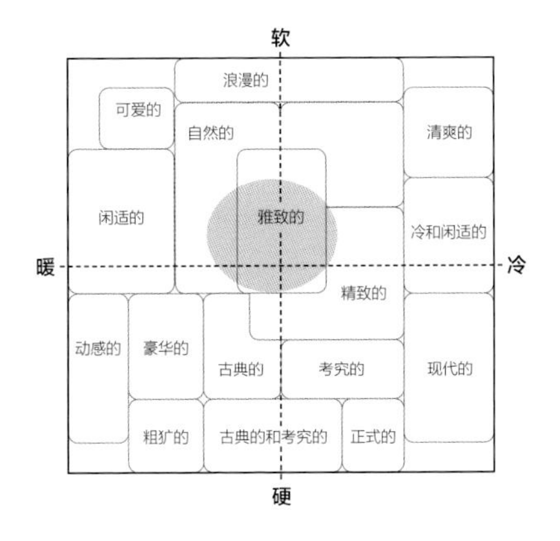

至简为上

将灰和白作为配色的主体，产品的基调立刻就变得简洁起来。其他颜色的加入在细节上对风格进行了调整，表现出不同的简约气质。

3.6 配色组合六

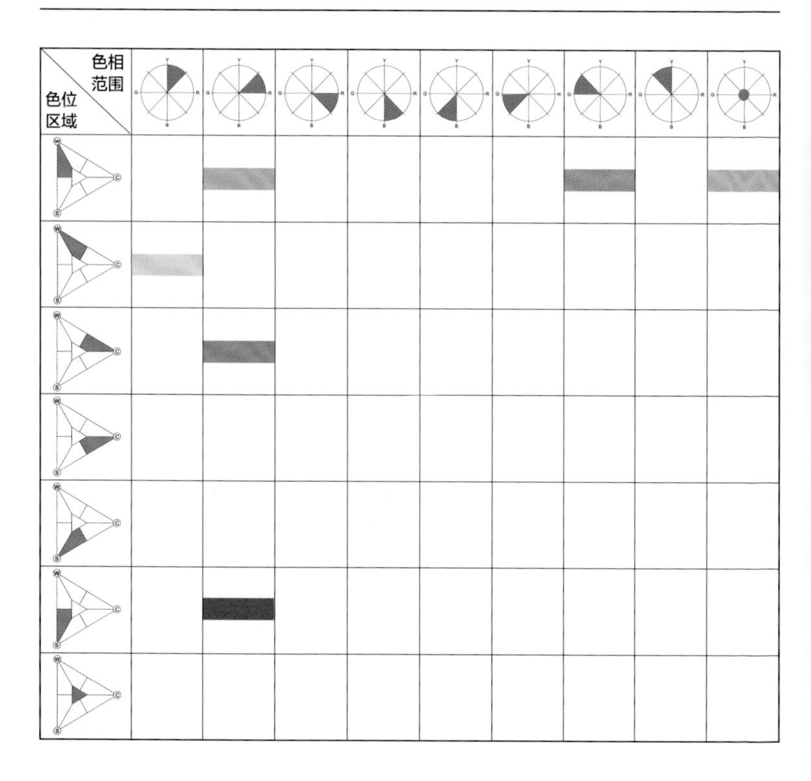

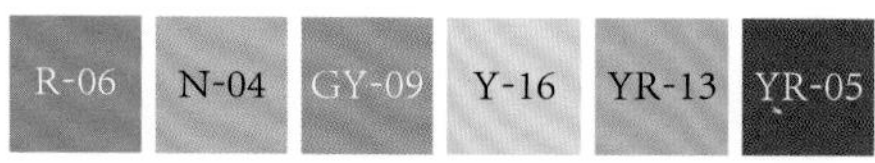

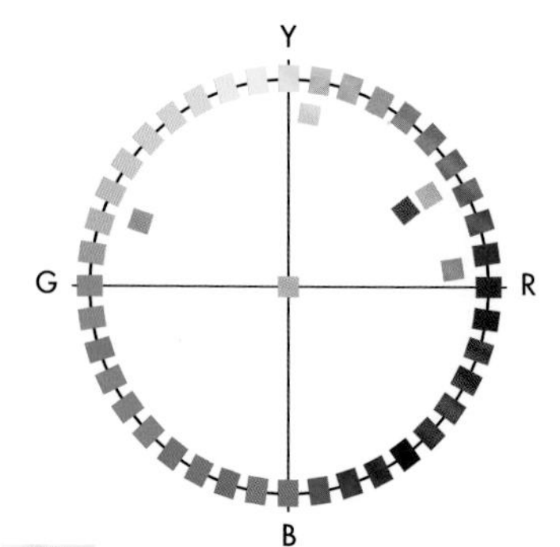

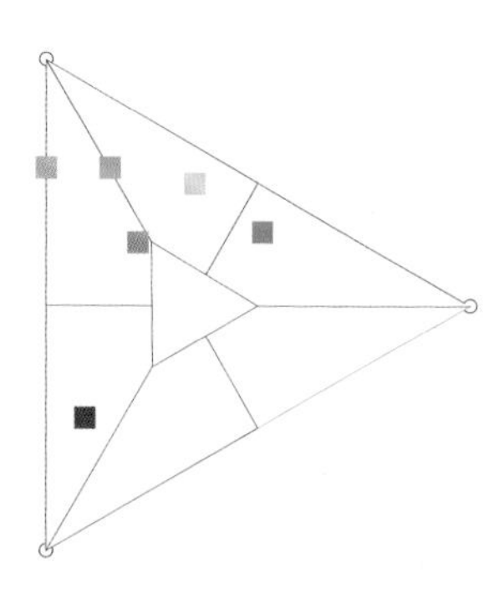

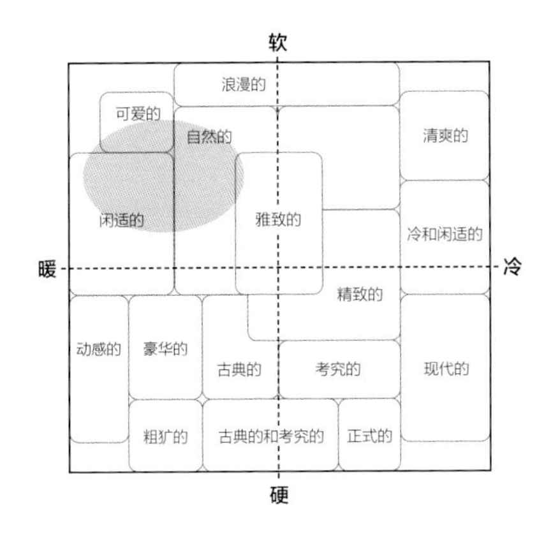

童言童语

暖色为主的浅色搭配，看起来往往是柔软、亲切、温暖而可爱的。本组配色将色谱中偏暖的浅色作为主导颜色，用灰色做主要的配色，看起来稚气可爱。

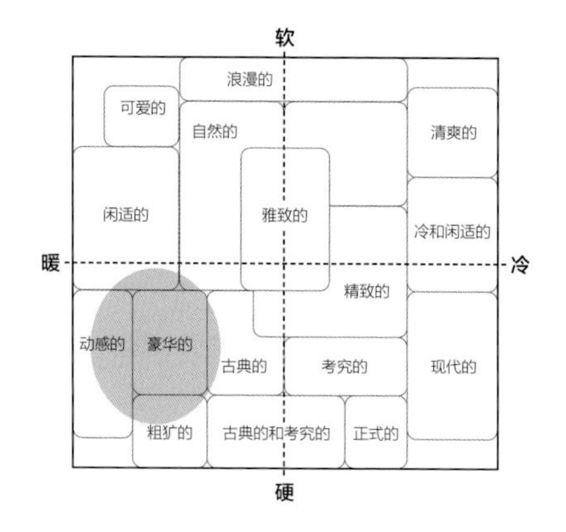

斑斓妍丽

加大色谱中中明度的珊瑚粉和低明度的棕色的面积比例，使整体配色意象明显变硬，层次感加强，更有重量和质感，跃动感也更强。

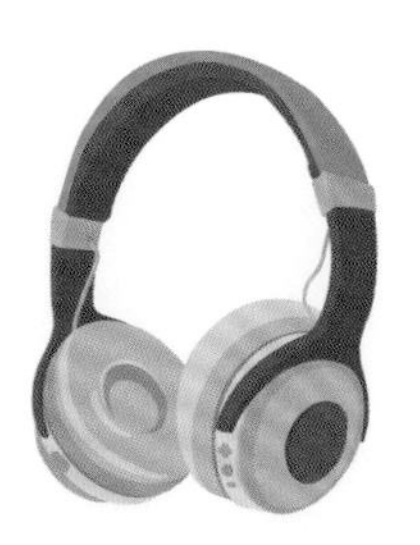

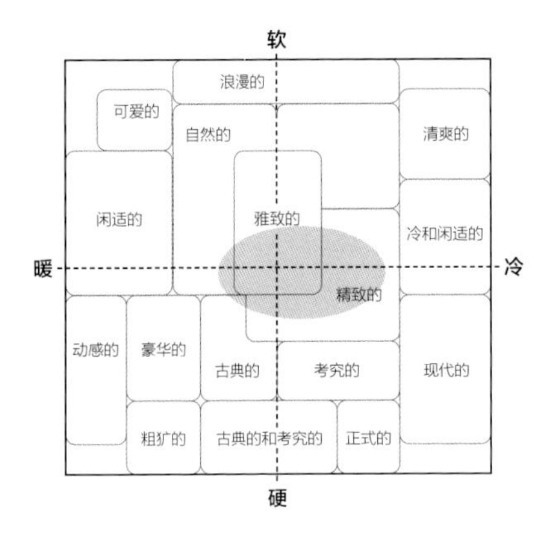

木质清香

放大灰绿色面积比例，与浅木色搭配，使整体明度对比适中，整体色彩氛围更显温暖舒适的清新自然感。

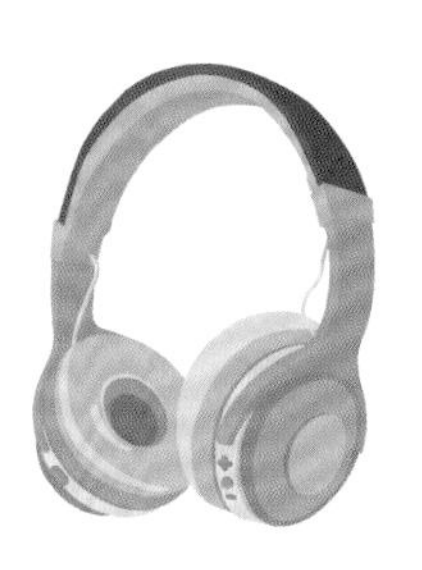

3.7 配色组合七

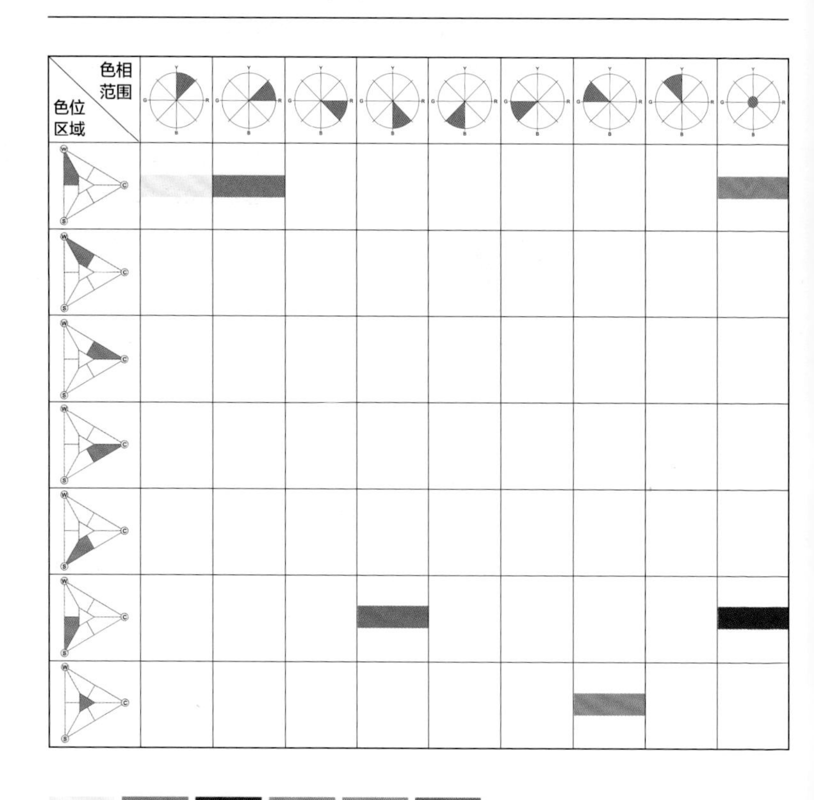

Y-01 YR-22 N-18 GY-01 N-08 RB-29

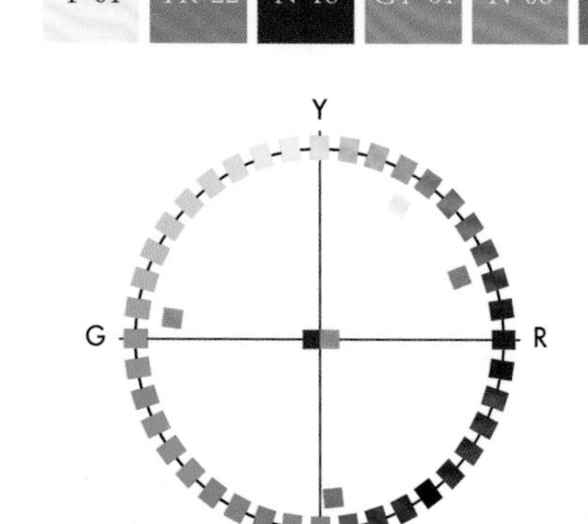

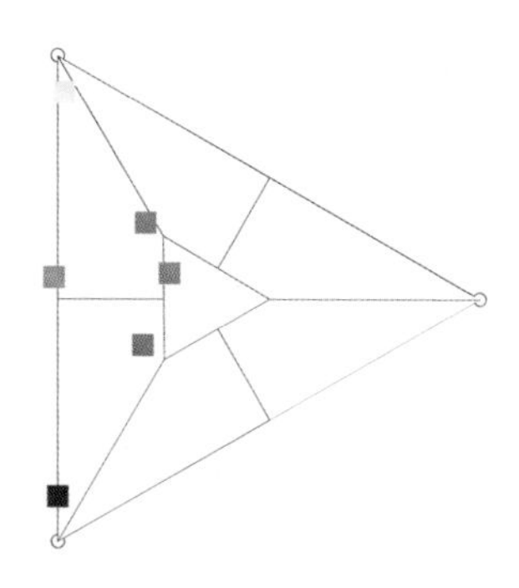

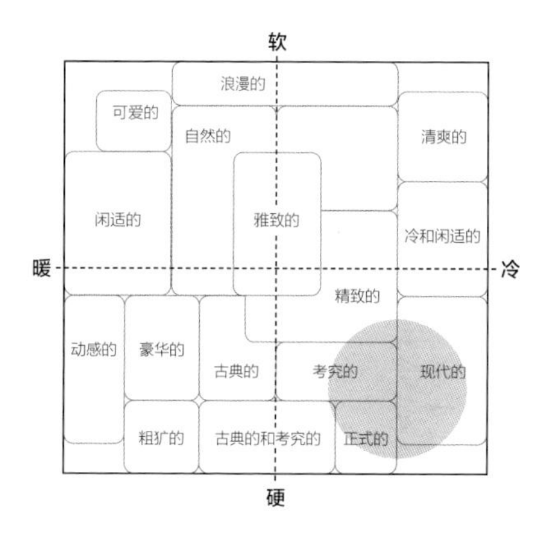

稳重旷达

以蓝色和绿色为主色，与黑色搭配，灰色做调和，整体呈现为低沉色调，配色意象较硬，有着明显的男性化特征。

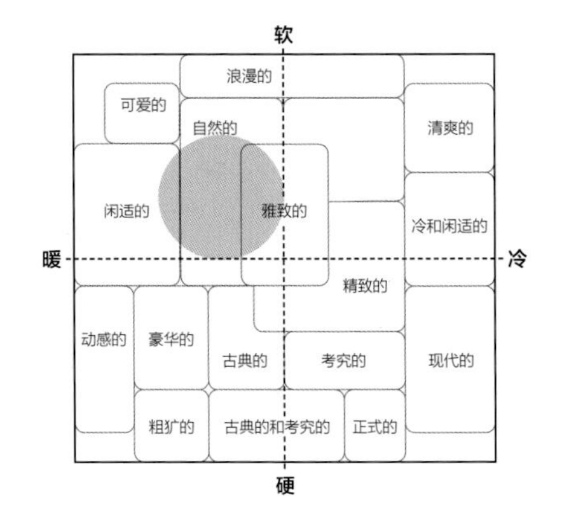

舒怀恬适

将暖白色作为主色，产品的硬感立刻减弱，与棕色、绿色和灰色作搭配，整体配色明度对比不太强，呈现出暖白色调下闲适自得的态度。

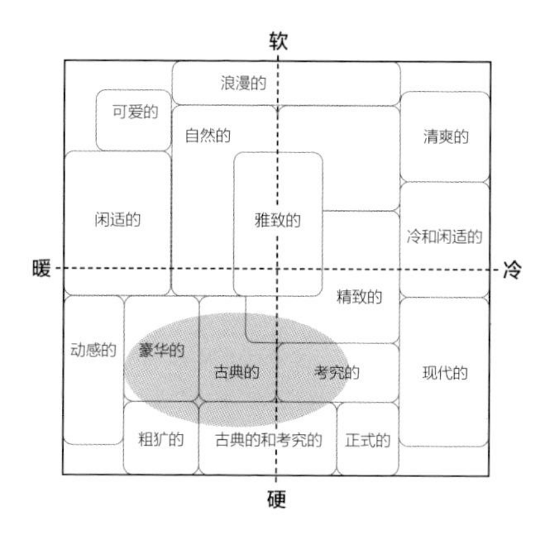

温厚隽永

将黑色和棕色作为主要颜色，奠定温厚古典的基调，灰色和蓝色的加入，则让配色的整体呈现温厚隽永的质感。

3.8 配色组合八

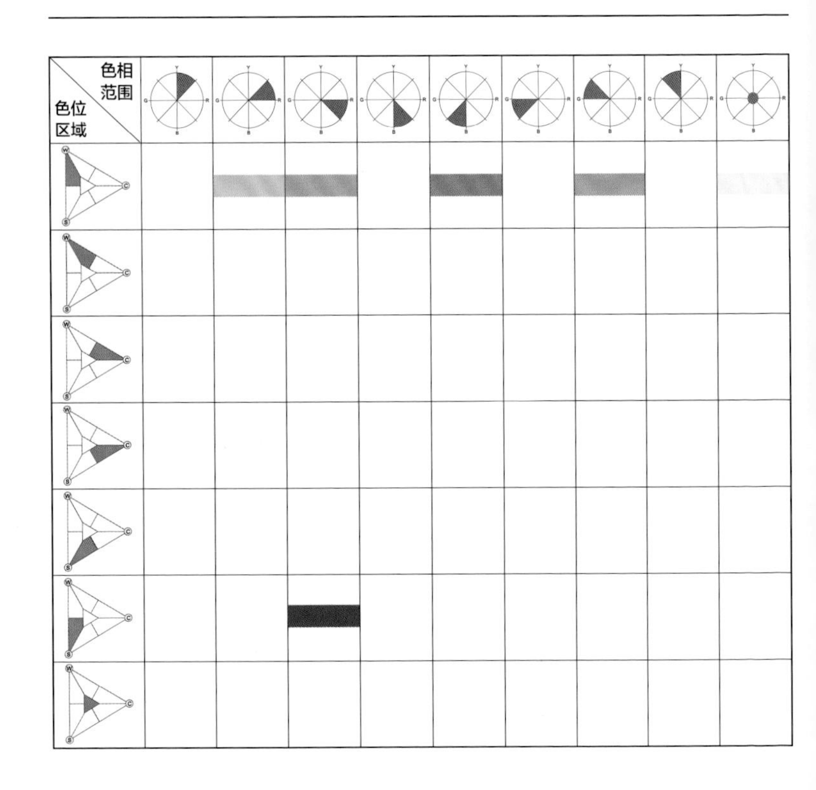

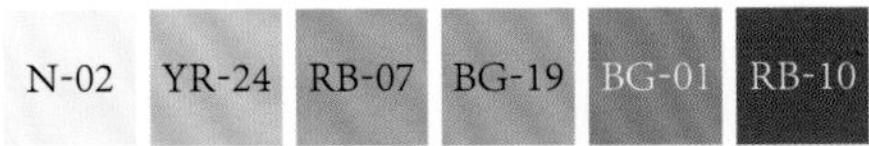

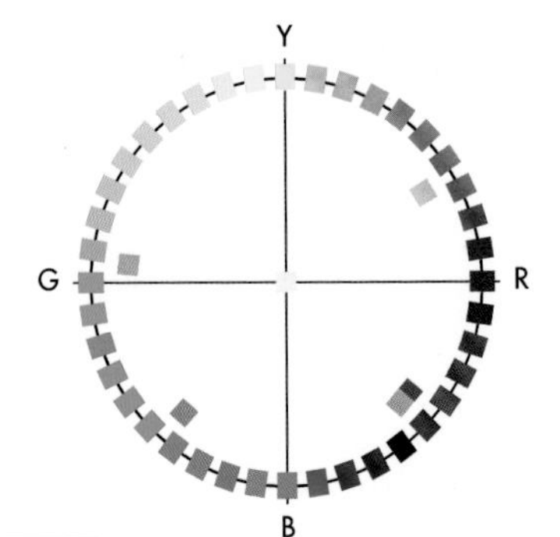

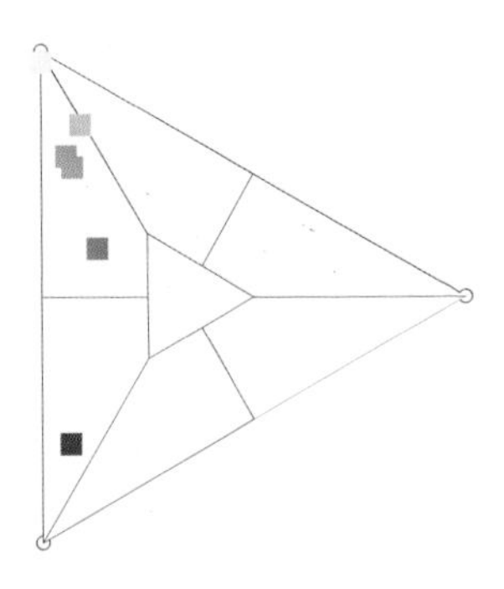

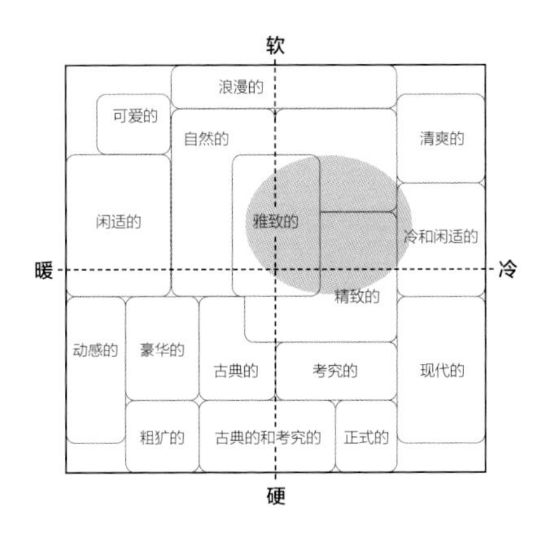

惬意自然

色谱中除了白色和深灰色外，其他几个颜色的明度对比都不算强烈，以这些颜色为主色，总体来说是较为柔和的，而低彩度的绿色也为这种柔和增添了几分自然和惬意。

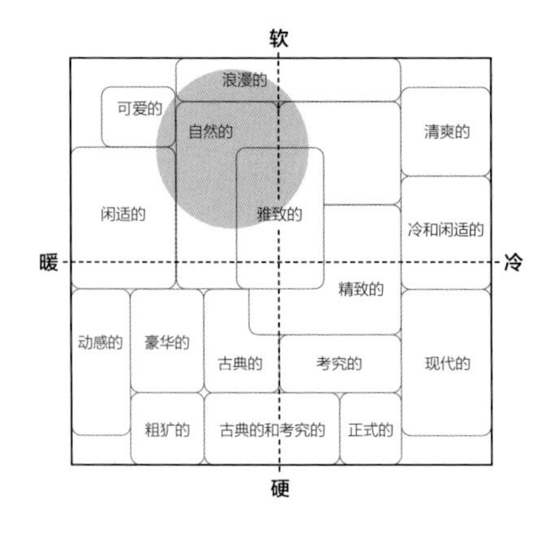

柔软未来

加大色谱中浅色的面积，以白色、浅咖色为主要颜色，适当搭配低彩度的灰绿和浅紫，让整体配色意象更软，呈现柔和典雅的未来之感。

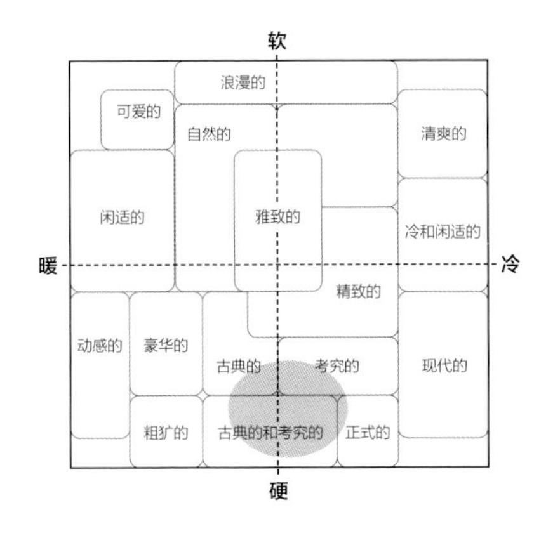

低调奢适

加大深灰和深绿的面积，让搭配的整体变硬，并适当加大紫色的面积，使整体配色意象更具有层次感，表现考究精致。

音响产品色彩搭配提示

多样化的色彩可能

音响产品无论在外形上还是在色彩上，似乎都比较容易出现大胆、前卫的设计。这也许与音响产品的主力消费群体有关——个性张扬、追随音乐潮流、思维活跃的年轻人；又或者与目标消费群体的多样性有关，不管什么年龄、性别，何种生活方式的人，对视听产品始终保持需求；更可能因为视听音响产品的更迭迅速，对流行色也比较敏感，人们对其求新求异的需求也就更高。因此，在做音响产品的设计时，尤其需要重视色彩组合的情感表达，在经典配色的基础上，通过色彩组合满足更多的需求。

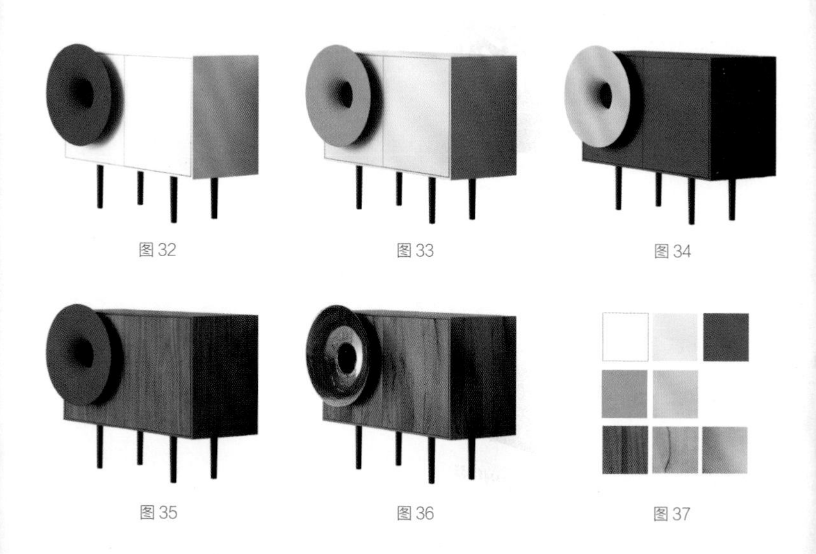

图 32　图 33　图 34

图 35　图 36　图 37

图 32 ~ 图 36 是意大利设计师 paolo cappello 为品牌 miniforms 设计的音响产品 CARUSO。产品总共有 30 个不同的颜色和材质表面，这些颜色和表面处理互相搭配，可以产生无数种组合。选择其中的 8 种颜色和材质表面（图 37），就可以搭配出情感表达完全不同的产品，如：干净冷感（图 32）、温柔可爱（图 33）、个性潮流（图 34）、经典稳重（图 35）、低调奢华（图 36）。仅这五种搭配，就已经覆盖了完全不同的目标消费群体。

第 4 章

产品色彩的意象氛围

配饰和玩具

4.1 配色组合一

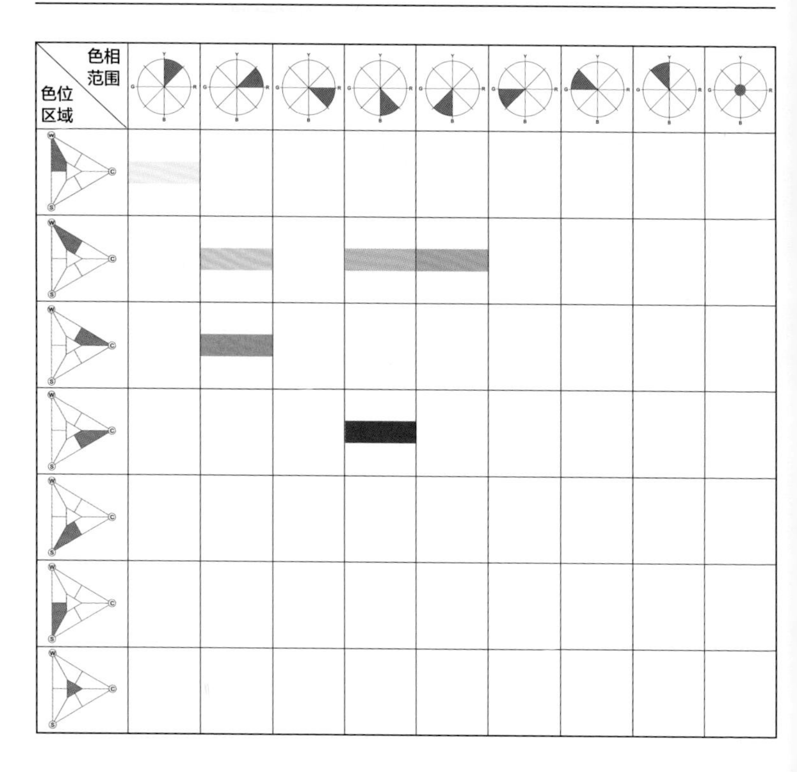

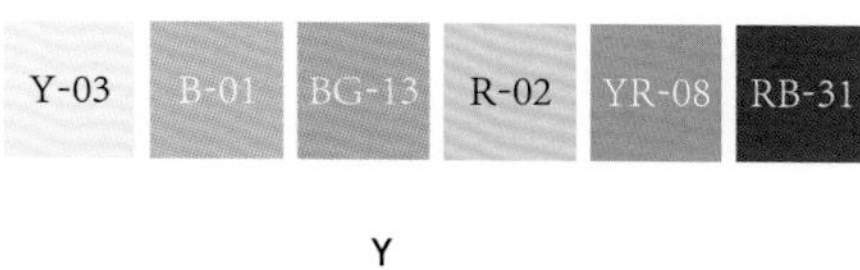

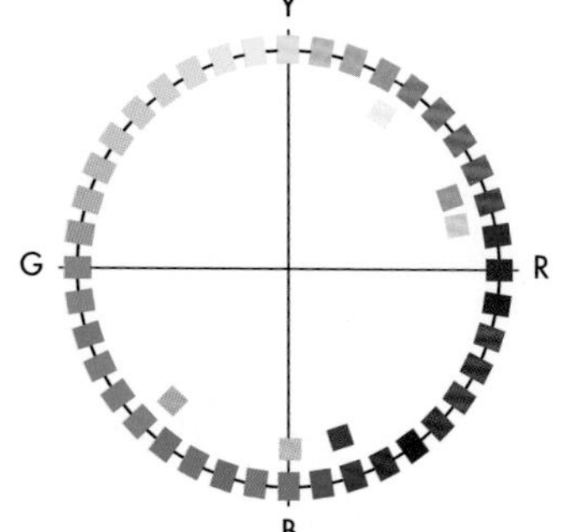

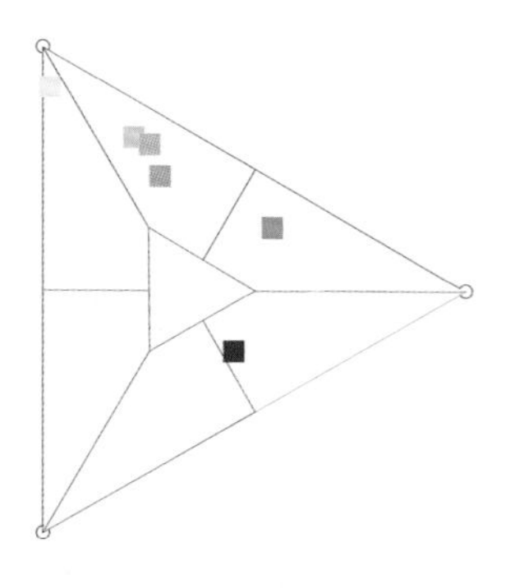

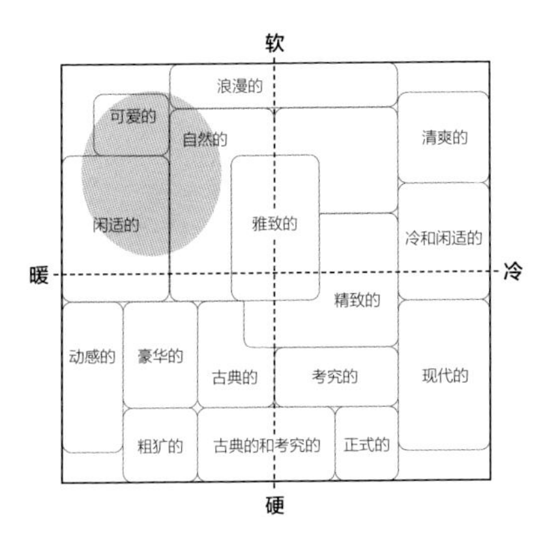

山花烂漫

以柔和乳白色、浅粉色和明亮橙色为大面积主辅色，冷调的蓝绿色则为点缀色，此时整体配色在高明度橙色的衬托下，氛围明亮柔和又不失活跃。

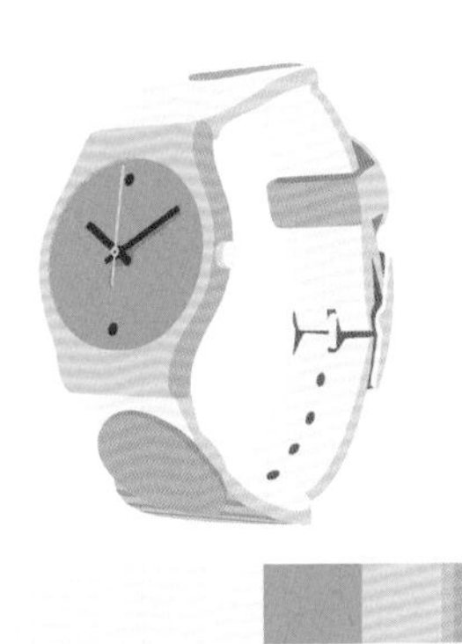

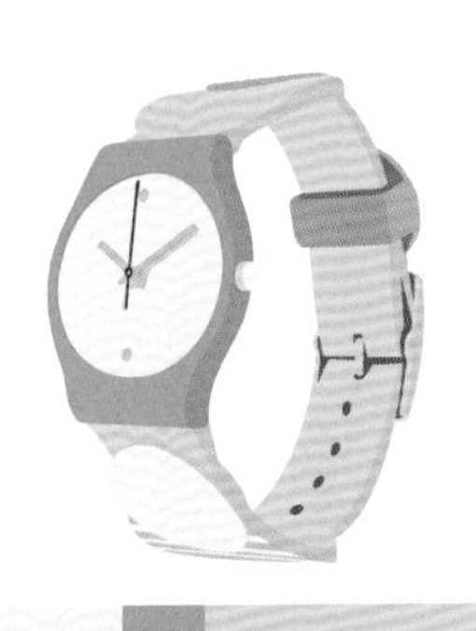

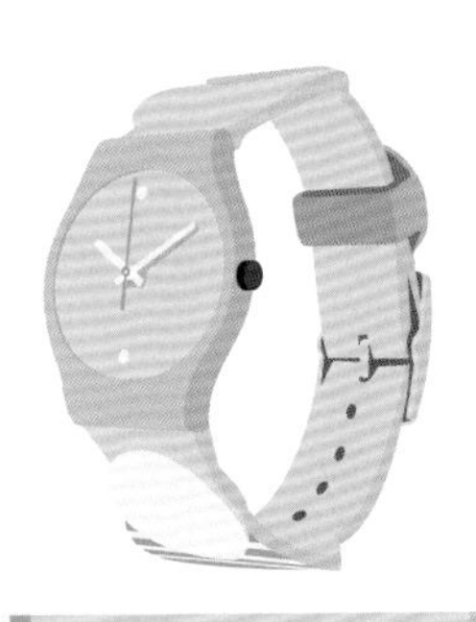

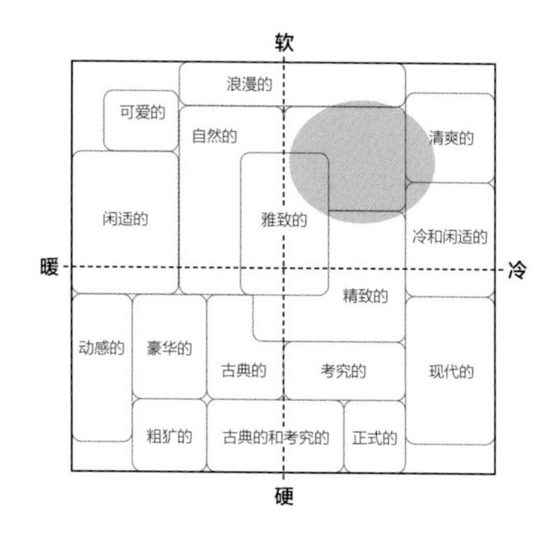

海盐慕斯

将较清新、干净的浅绿色和浅蓝色面积比例放大，与大面积白色共同搭配，如同夏日清新柔和的海盐慕斯，意象变得纯粹清爽。

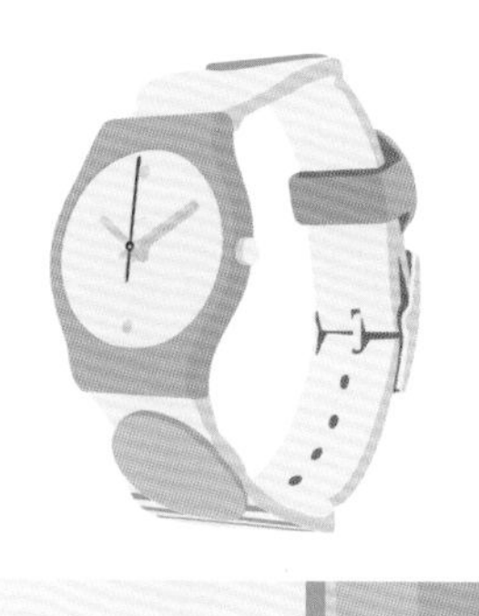

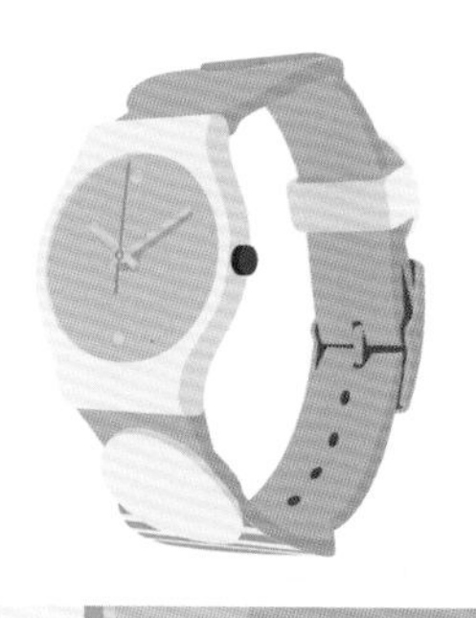

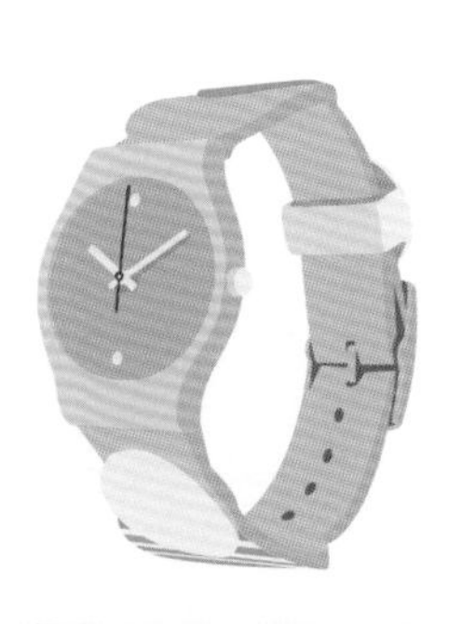

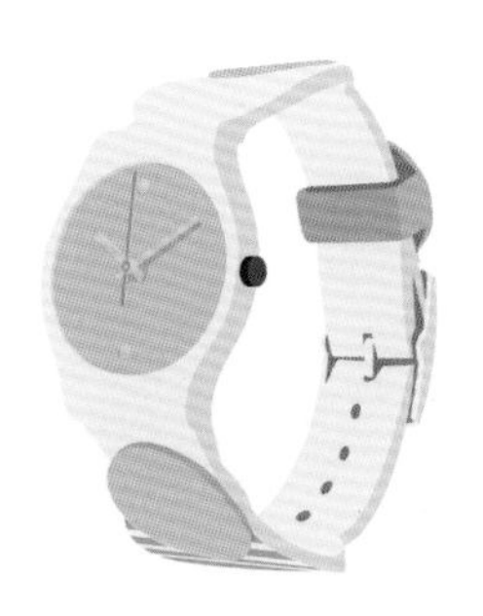

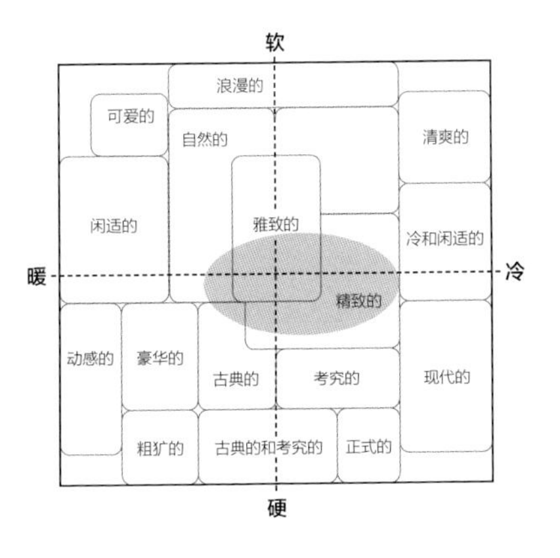

潮流中性

将鲜艳的深蓝色和橙色面积比例放大作为主色，浅白色和浅粉色明亮且柔和，此时深蓝色与其他暖色形成较强对比，配色意象更中性潮流。

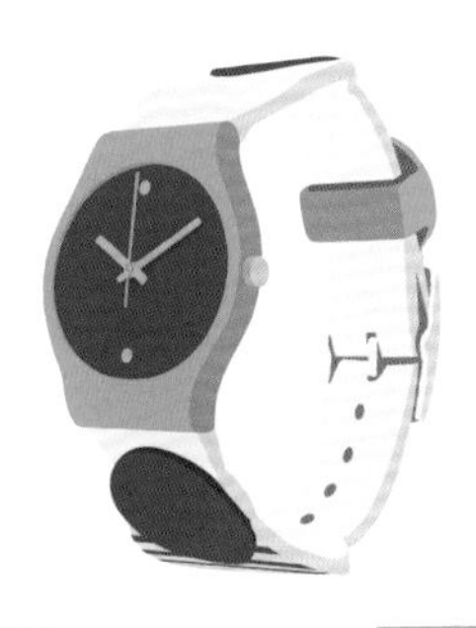

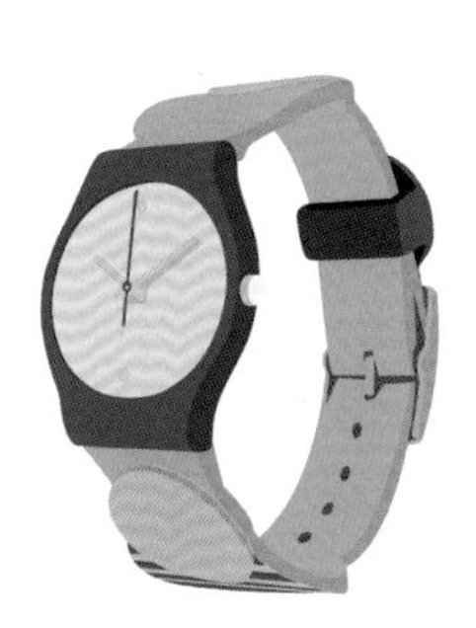

4.2 配色组合二

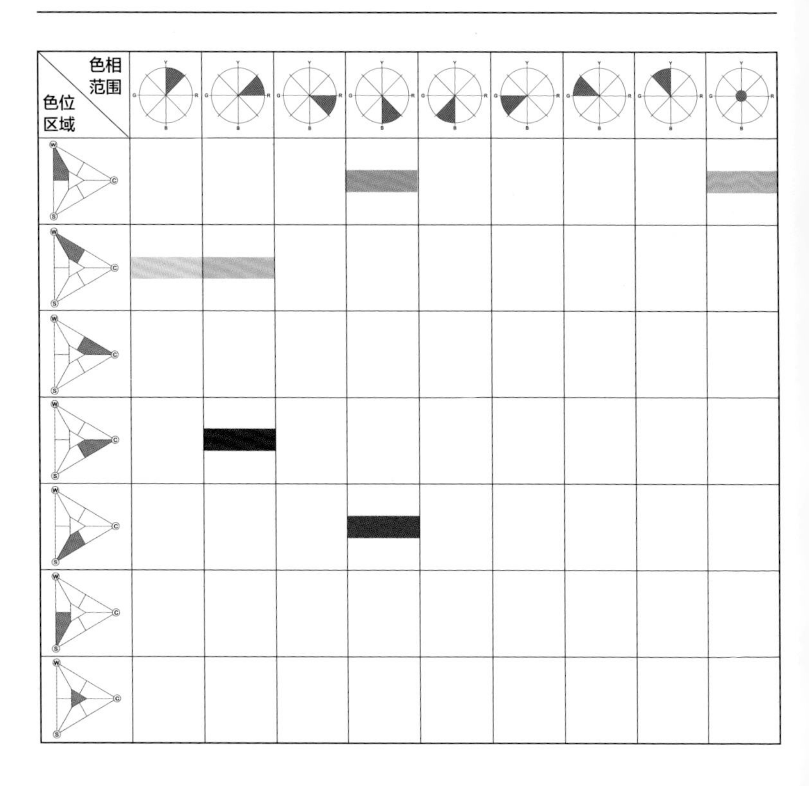

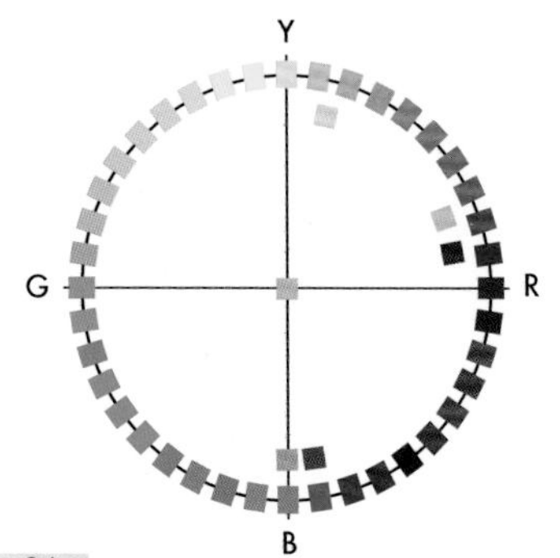

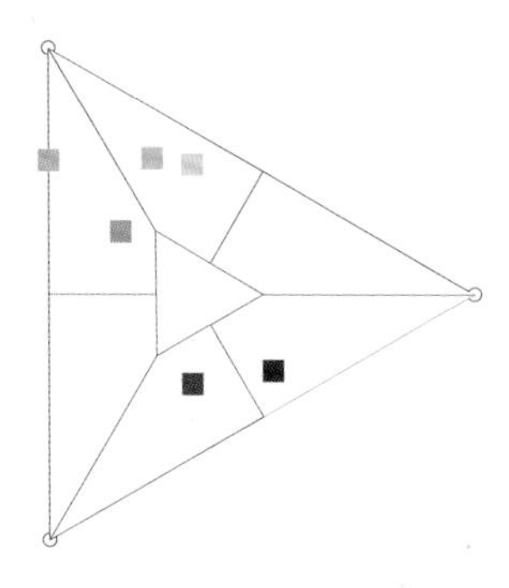

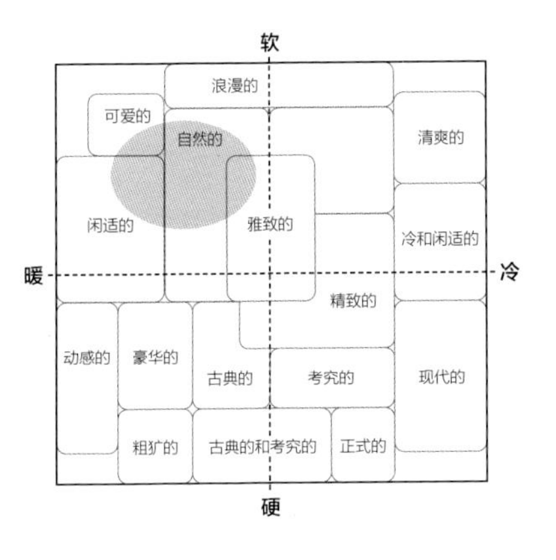

香甜丝滑

以明丽的浅粉色、浅黄色和浅灰色为主色和辅助色，使整体配色表现为鲜活又和谐的“软萌”暖色调，配色氛围柔软乖巧。

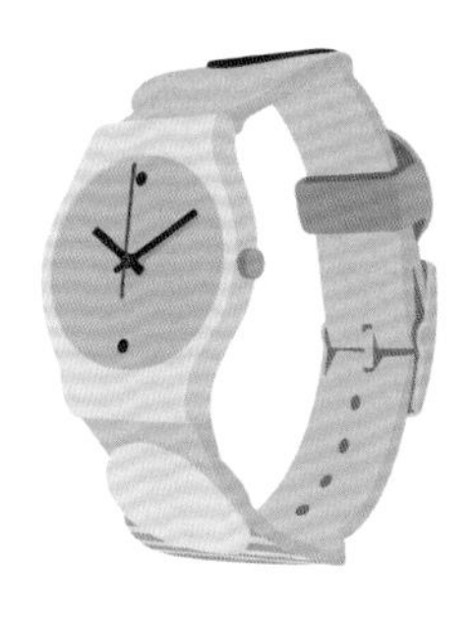

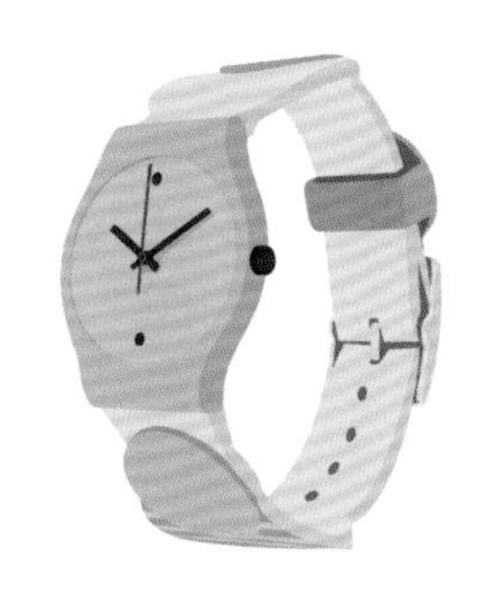

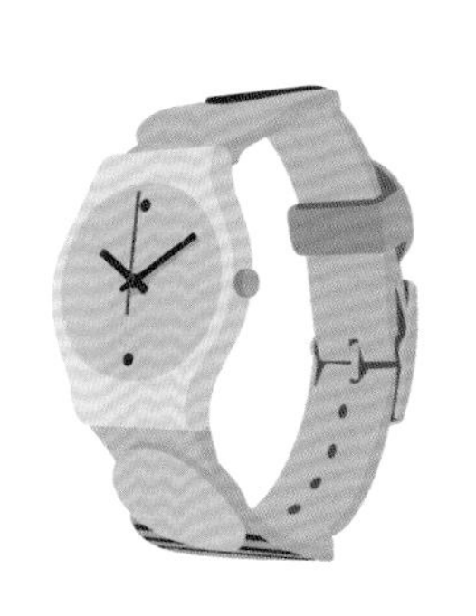

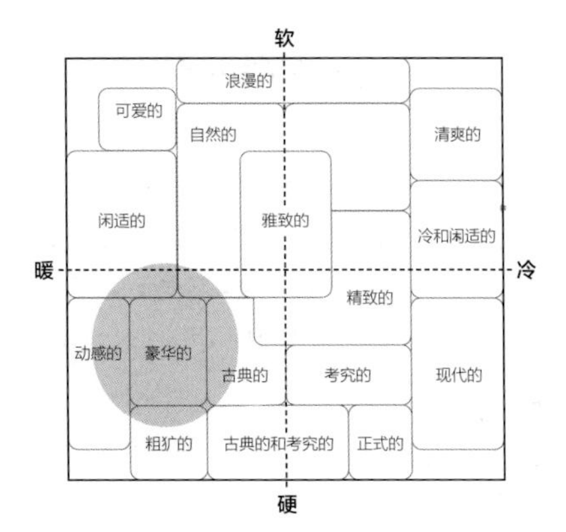

娇艳明丽

将深红色面积比例放大，作为主色或较大面积的辅助色，与明丽的浅黄色、浅粉色搭配，对比关系较为强烈，更具有活跃和热烈的氛围。

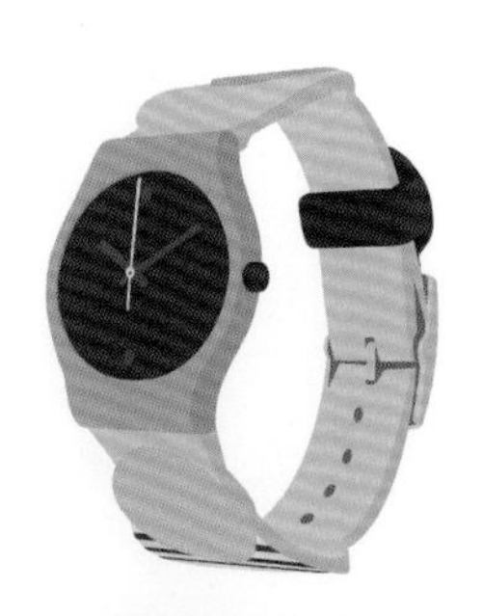

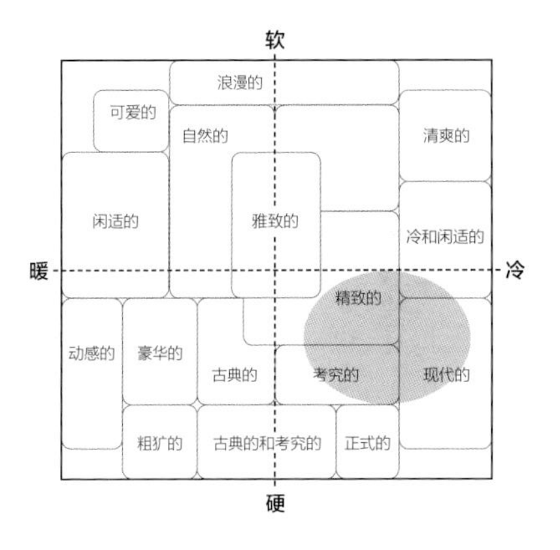

含蓄深奥

将低沉的深蓝色和柔和的浅蓝色作为主色或辅助色，使整体配色氛围处于和谐蓝色调的冷静理智中，明亮的浅粉色和浅黄色增强了透气感。

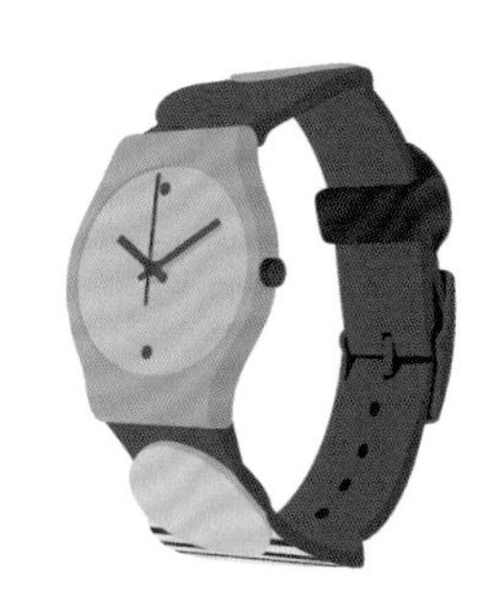

4.3 配色组合三

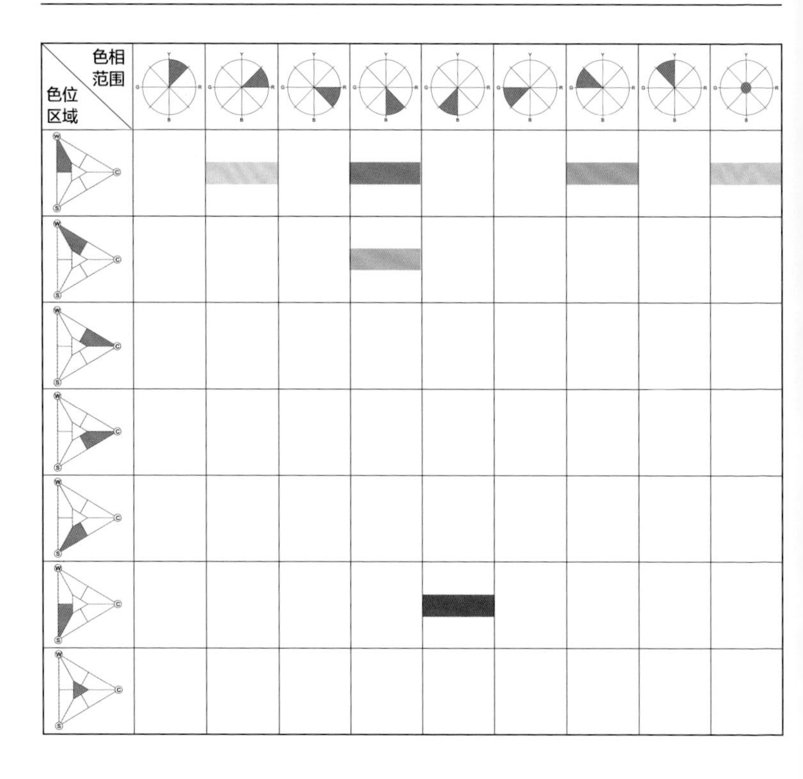

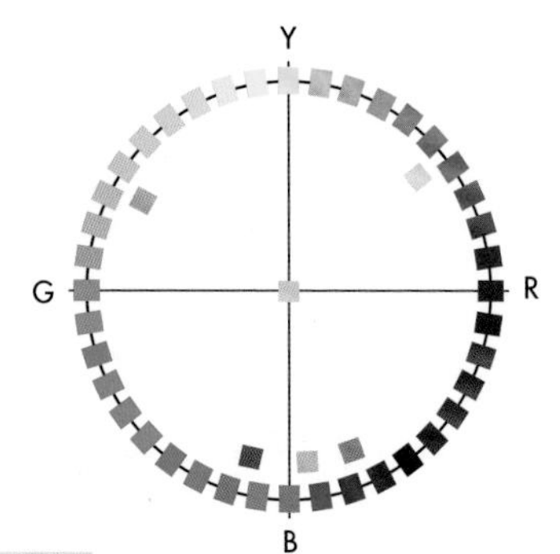

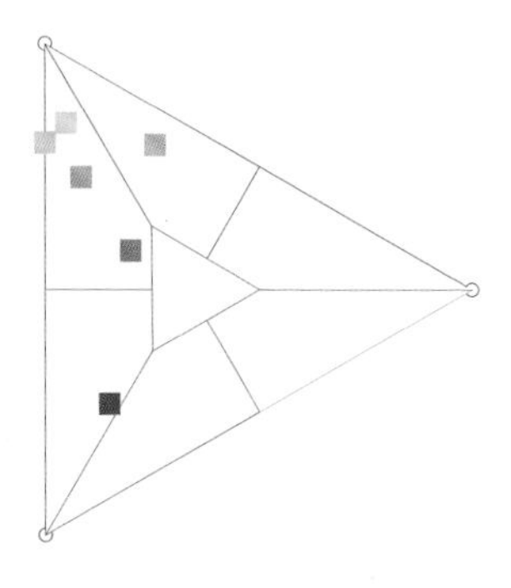

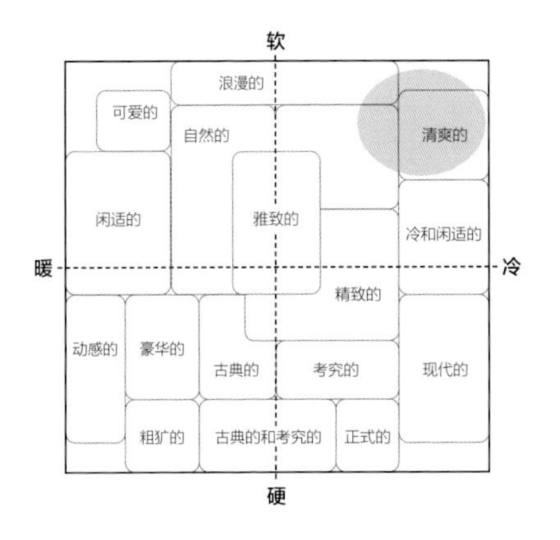

素雅几净

以冷色调的灰紫色、浅灰色、浅蓝色为主色和较大面积辅助色，使整体配色明度对比关系变弱，显得朦胧、和谐、干净，配色意象柔和淡雅。

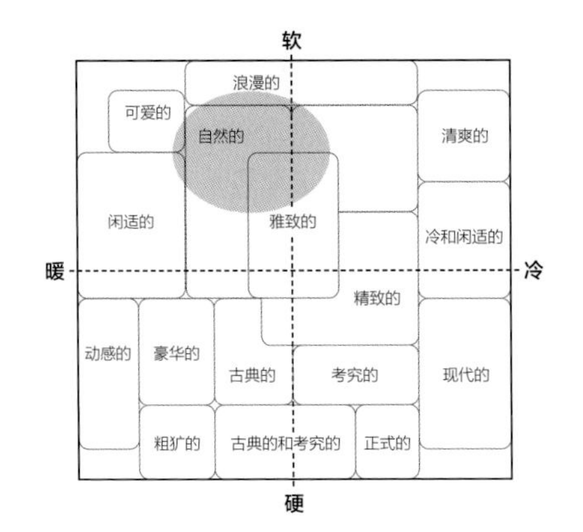

田园温情

将暖色调的浅橘色和浅黄绿色面积比例放大作为主色，整体配色呈现出柔和舒适的弱对比关系，氛围闲适质朴，具有清新的乡野田园宁静感。

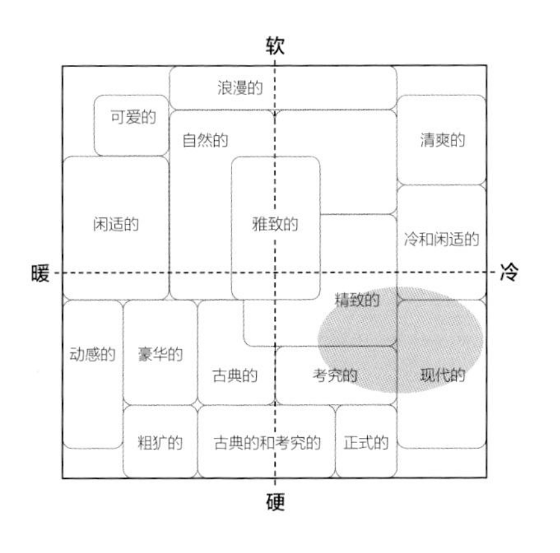

绅士之雅

将深蓝绿色面积比例放大，与灰紫色和浅蓝色、浅灰色搭配，整体配色呈现出低明度色的深沉，蓝绿色和灰紫色的搭配更能表现神秘、内涵、绅士感。

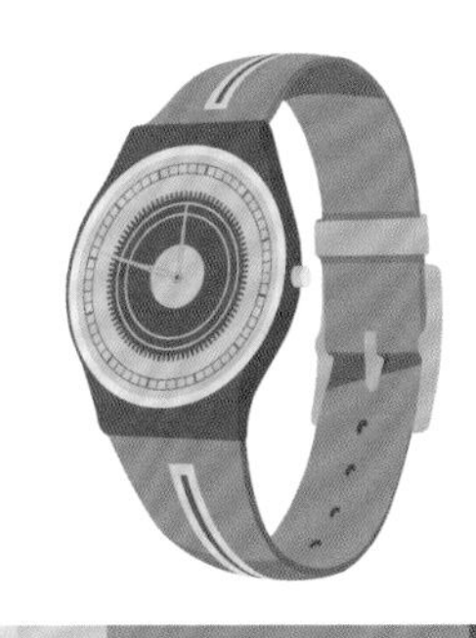

4.4 配色组合四

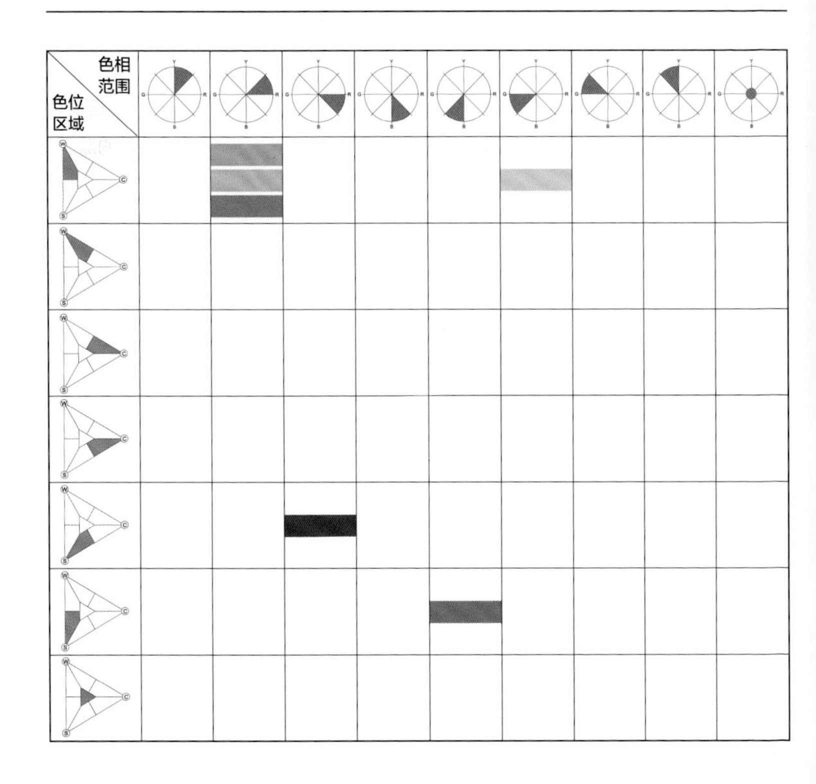

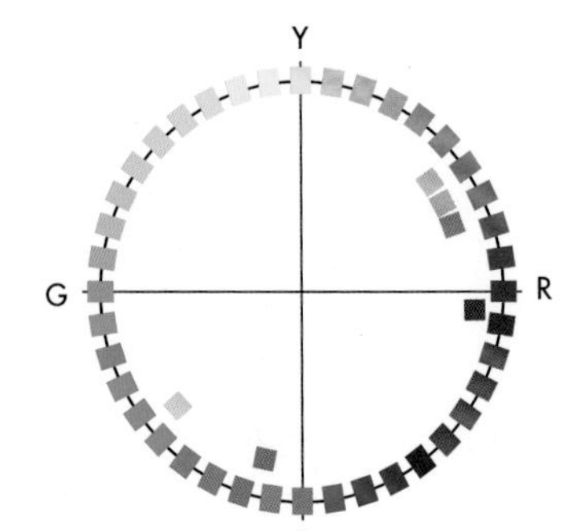

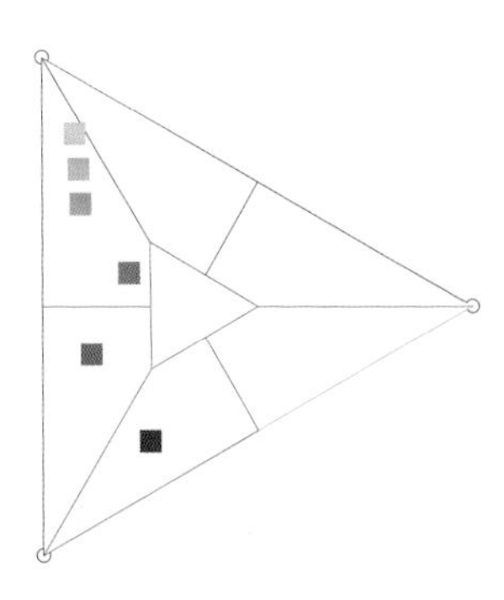

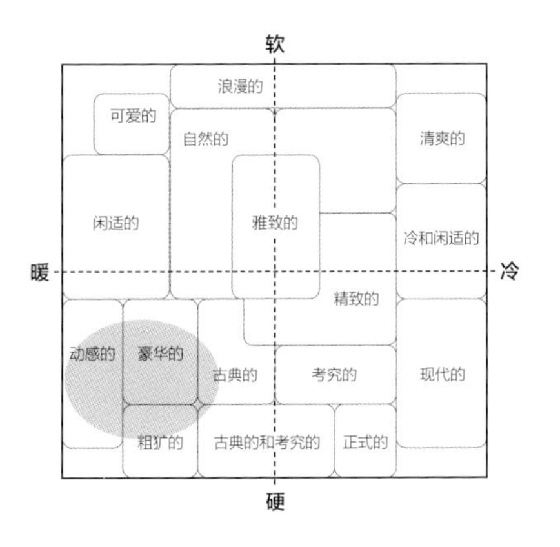

经典耐久

以较暗的橙色和深紫红色，以及浅肤色、浅粉色为主色或大面积辅助色，整体配色有明显颜色层次变化，较沉稳的橙色、深紫红色使整体氛围更浓郁厚重。

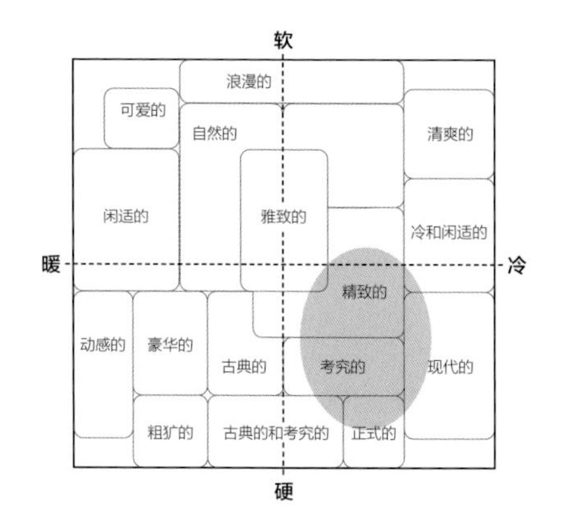

静水流深

将深绿色和深紫红色面积比例放大，与明亮的浅绿色搭配，对比强烈，整体配色意象变硬，呈现庄重的、冷色调的复古感，表现沉稳的含蓄感。

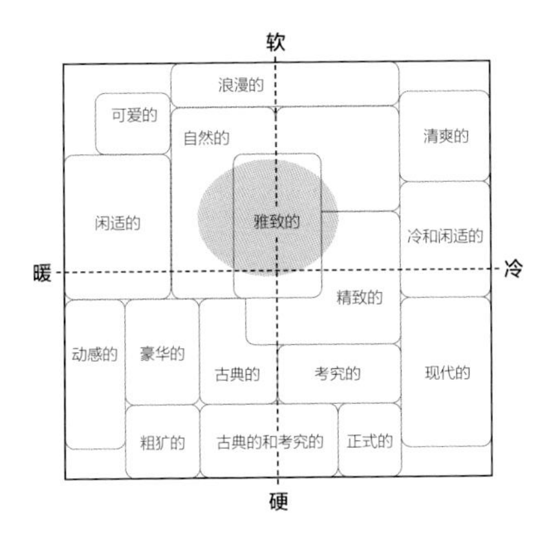

唯美怀旧

将浅粉色、浅肤色、浅蓝色作为主色和大面积辅助色，搭配起来对比极弱，使整体处于隐约朦胧之中，配色意象较软，显得安适舒服，充满怀旧意味。

4.5 配色组合五

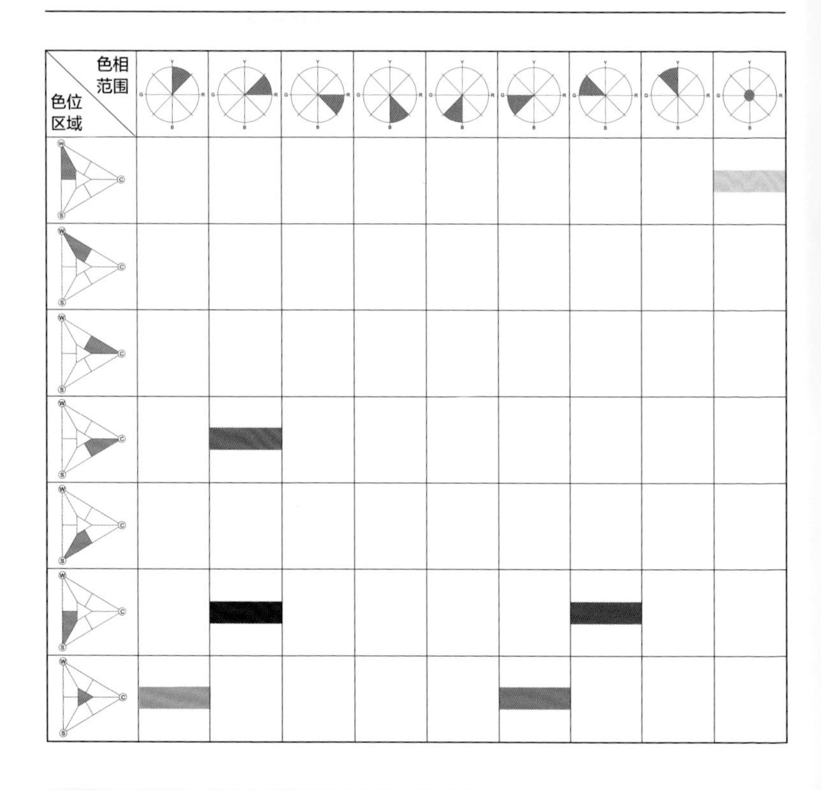

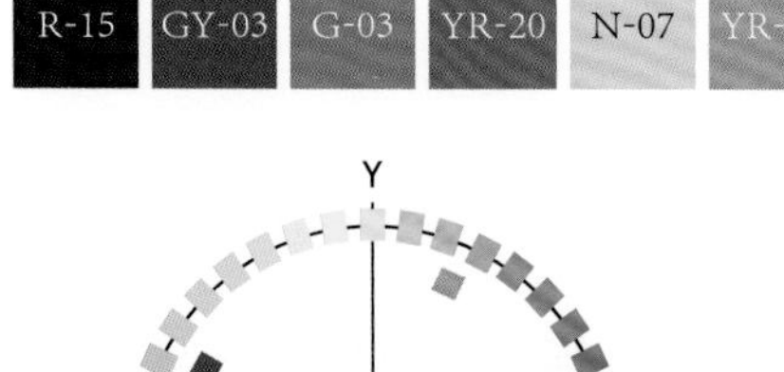

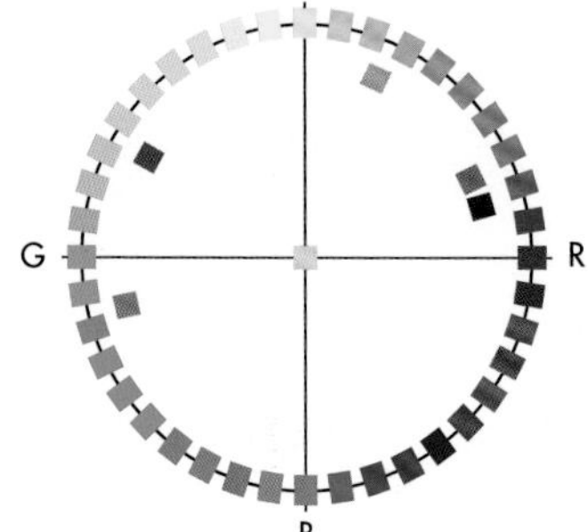

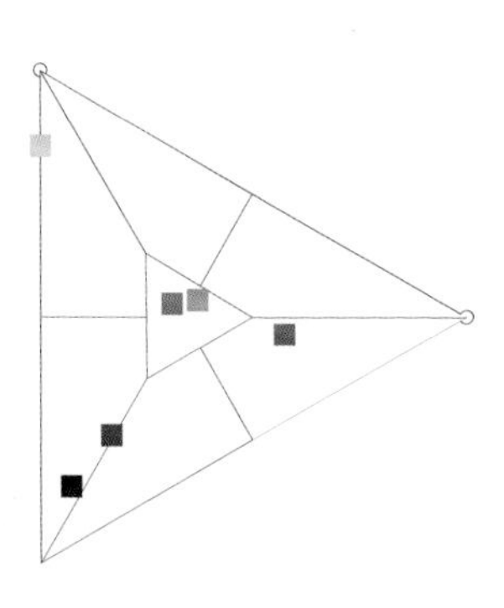

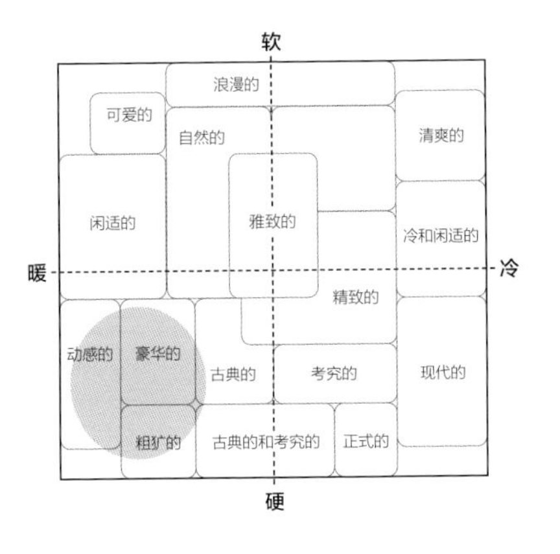

都市牛仔

本组配色为浓郁饱和又活跃的暖色调，较为鲜艳浓厚的黄色、橙色、绿色和深棕色作为大面积主辅色，颜色层次丰富且对比明显，配色意象更显厚重、张扬。

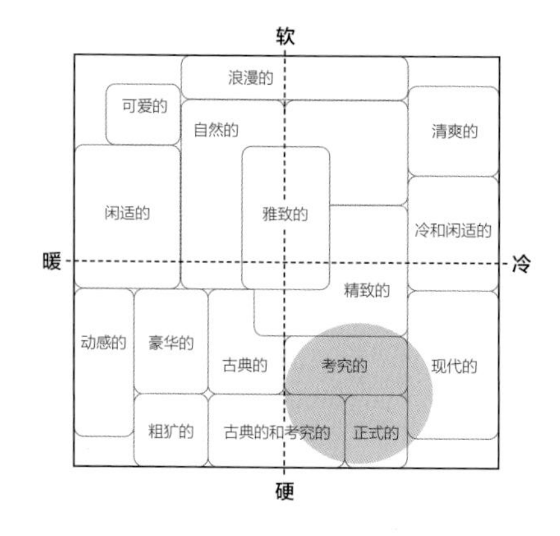

热带雨林

将蓝绿色面积比例放大作为主色或较大面积辅助色，暖色作为小面积点缀，整体配色为有层次感的冷色调，彰显自然活力。

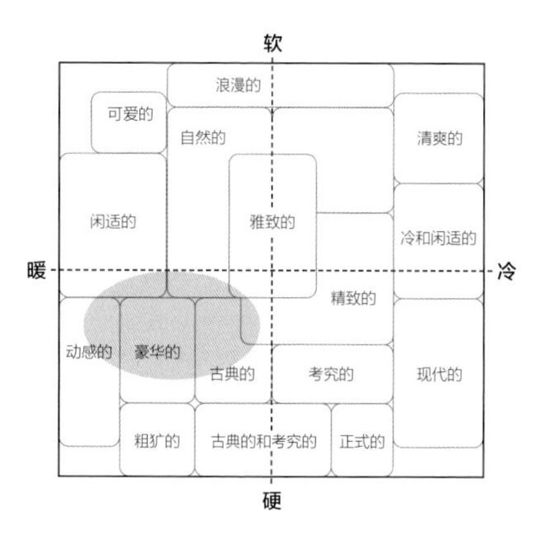

加州阳光

将黄色、橙色和浅灰色作为主色或较大面积辅助色，大面积的浅灰色柔化了原本鲜艳厚重的感觉，整体意象变得鲜活跳跃。

4.6 配色组合六

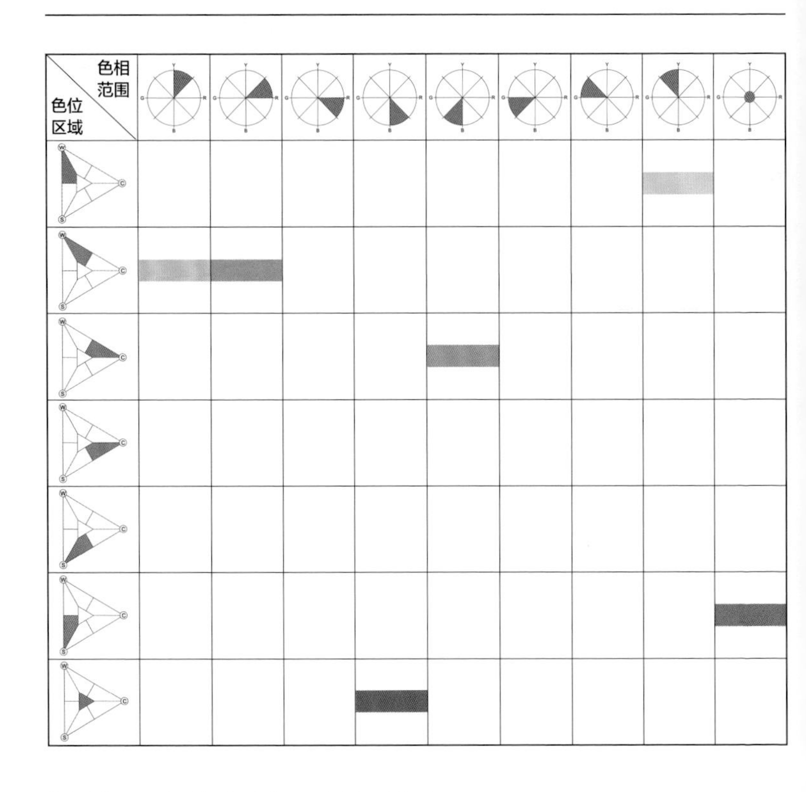

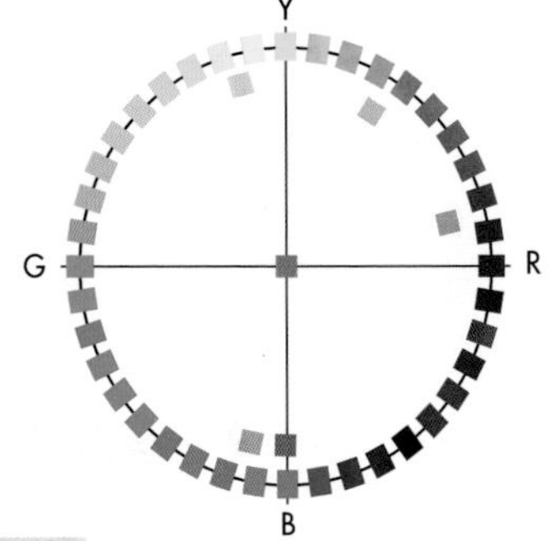

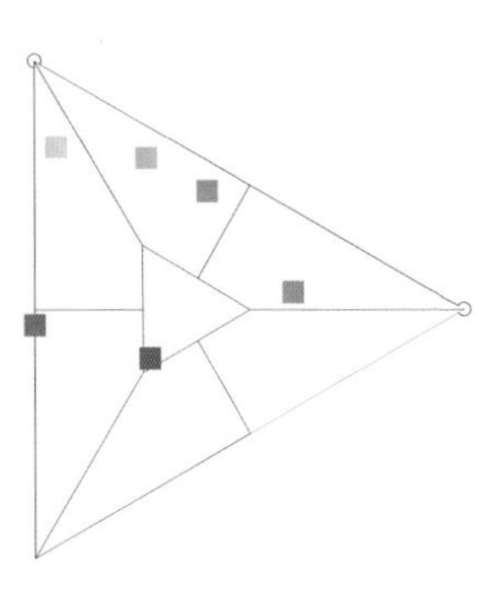

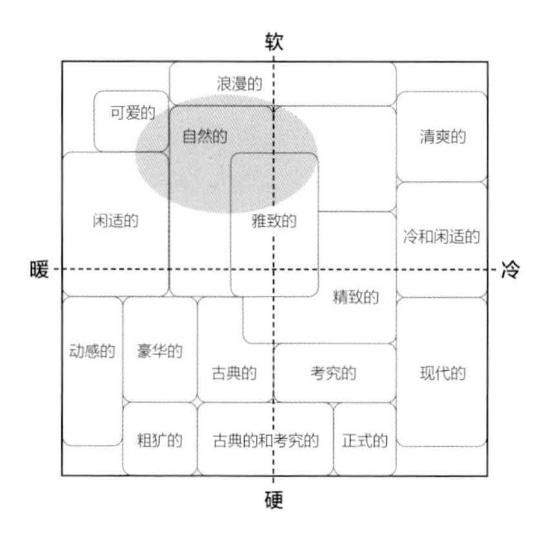

纯真年代

以暖色调的浅粉色、浅橘色和浅灰绿色为主色和辅助色，整体配色明度对比关系较弱，极为和谐，明亮却柔和。

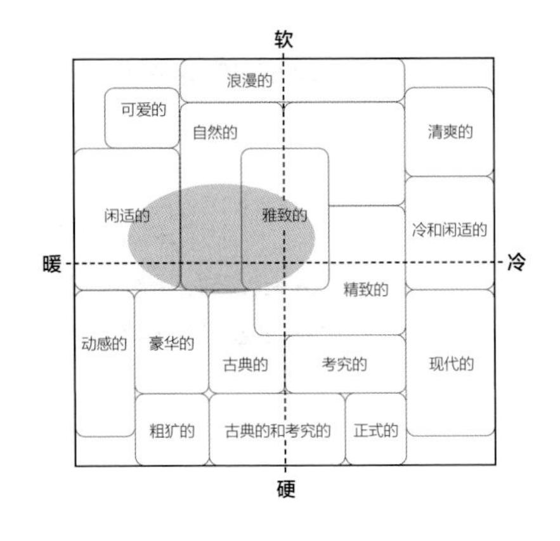

轻松安逸

将较深的灰色和灰蓝色面积比例放大，作为较大面积的辅助色，但仍是以暖色调为主，深色面积的放大使配色意象稍微变硬，多了稳固的力量。

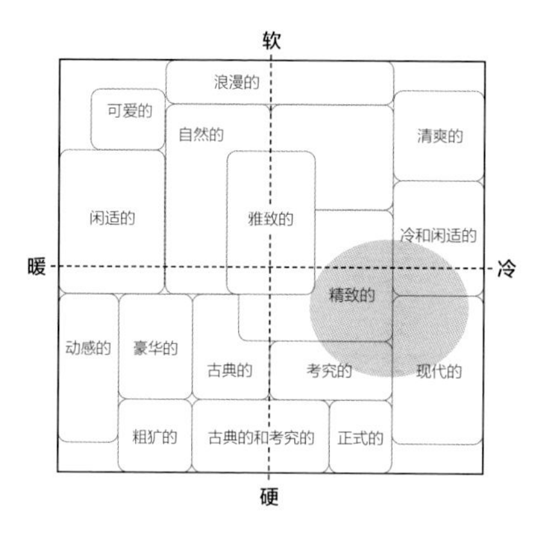

海洋乐园

将明亮且较鲜艳的湖蓝色和灰蓝色、深灰色作为主色或辅助色，此时整体配色对比较强烈，色彩意象变硬，表现出稳健而活跃的动感冷色调。

4.7 配色组合七

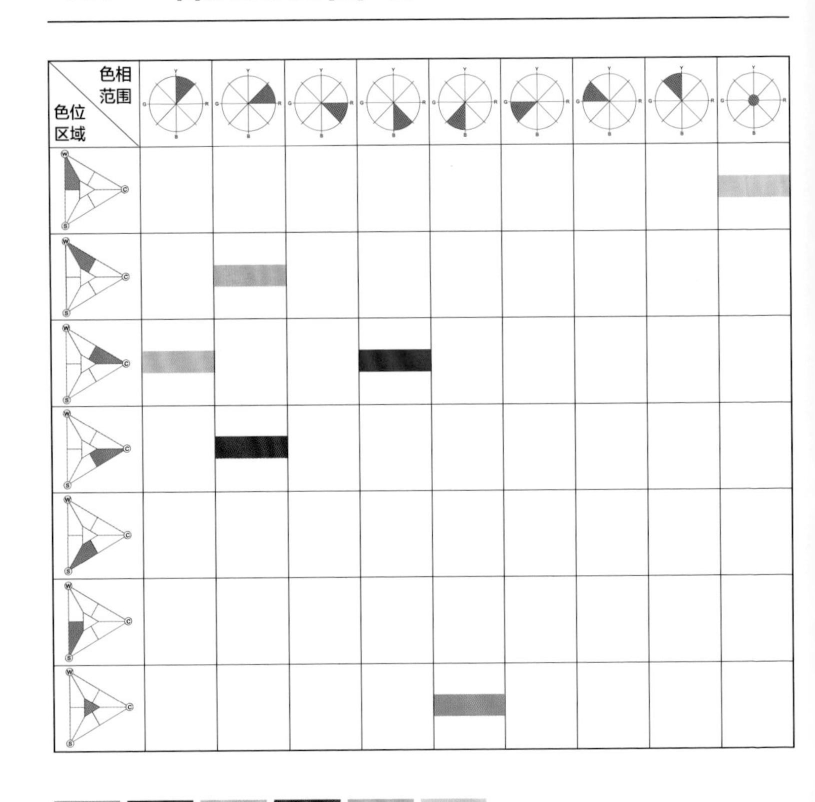

B-04 | RB-16 | Y-17 | R-11 | YR-09 | N-07

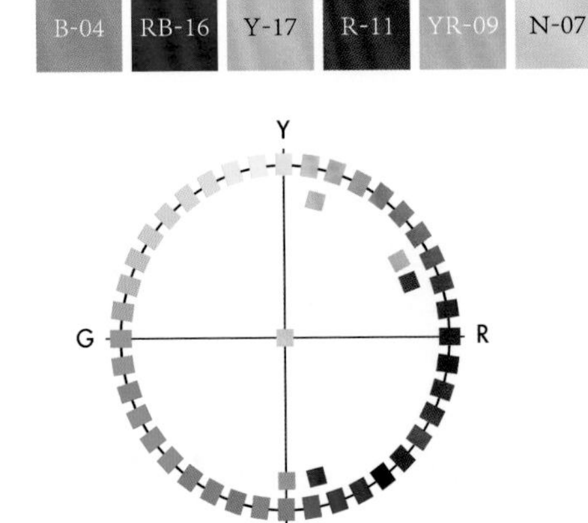

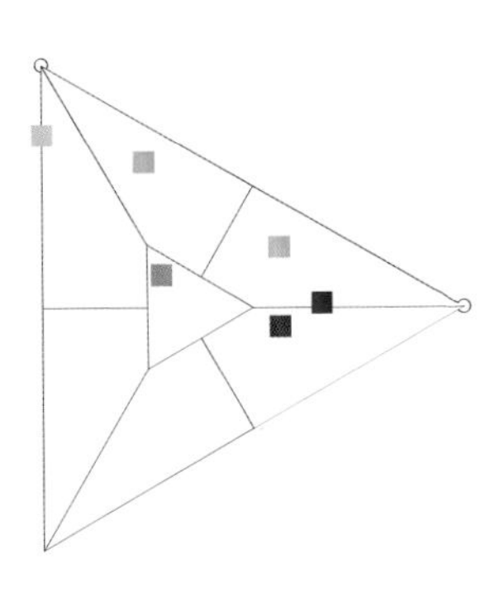

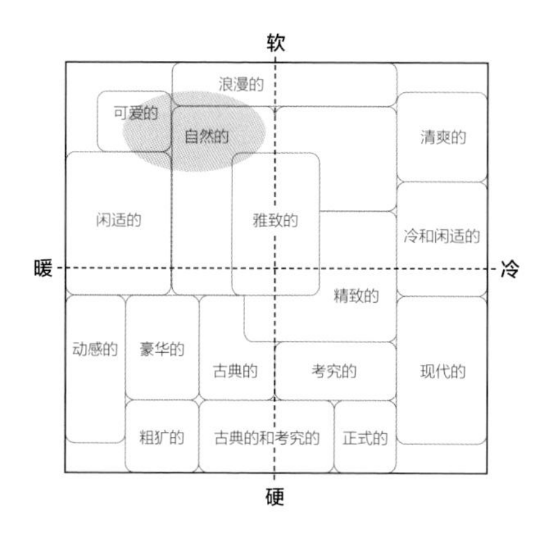

嘉年华

以柔和的浅粉色、浅灰色为主色，鲜艳的黄色和红色作为点缀色，此时整体配色呈现明亮柔软的暖色调配色意象，表现出纯真无忧的乐园色彩。

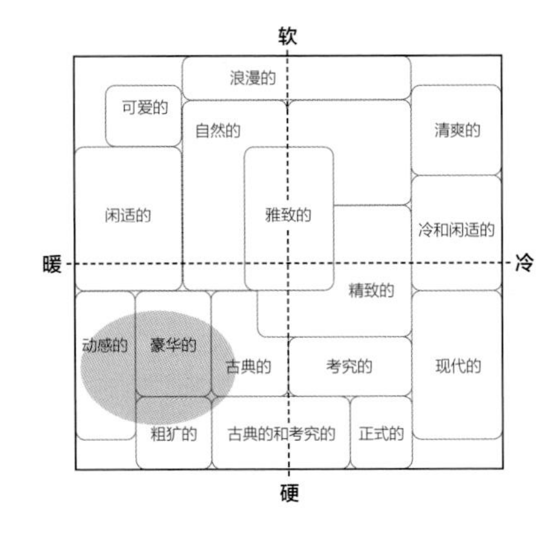

激情热烈

将较为鲜艳的红色和蓝色面积比例放大作为主色或较大面积辅助色，整体呈现出鲜艳夺目的动感色彩，配色意象较硬，表现激情热烈。

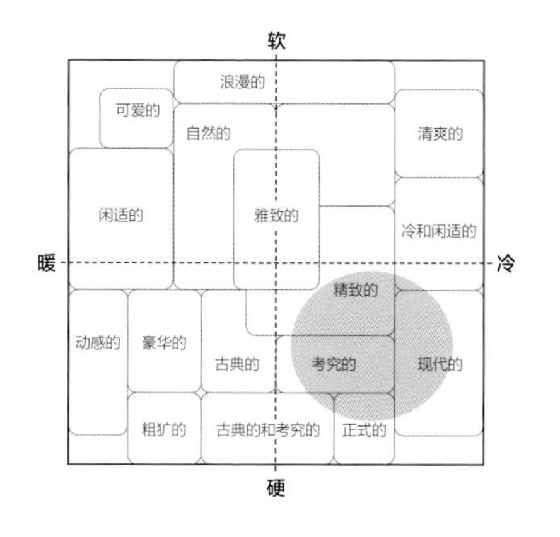

个性鲜明

将层次对比明显的两种蓝色作为主色或较大面积的辅助色，鲜艳的红色作为点缀色，加强整体的明度对比，红蓝对比色的搭配也强化了整体个性鲜明的特点。

4.8 配色组合八

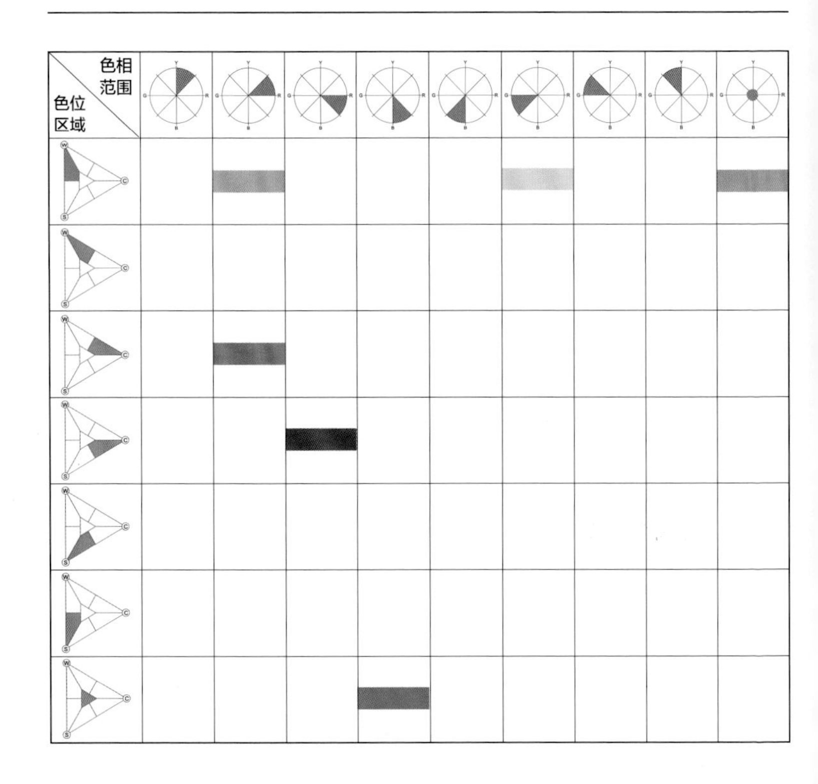

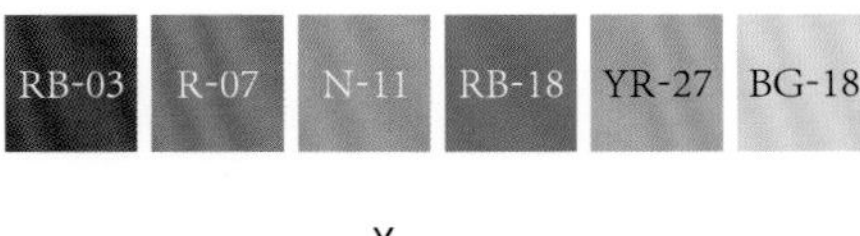

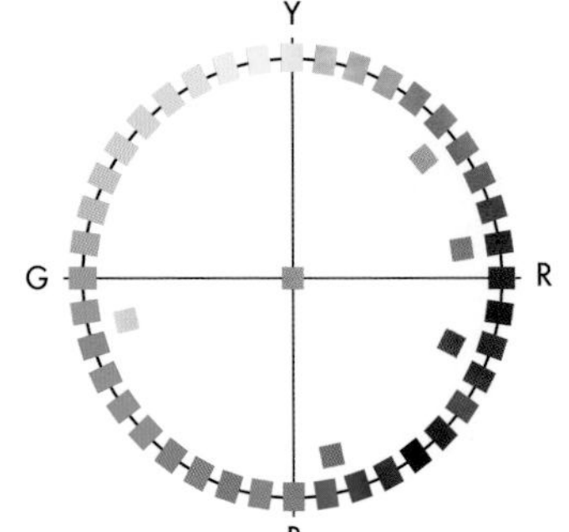

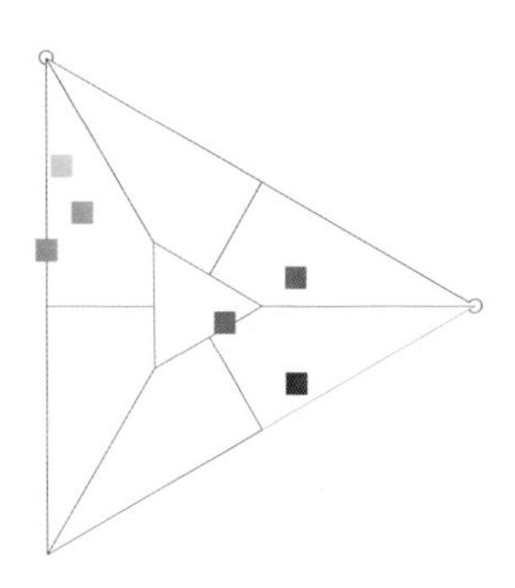

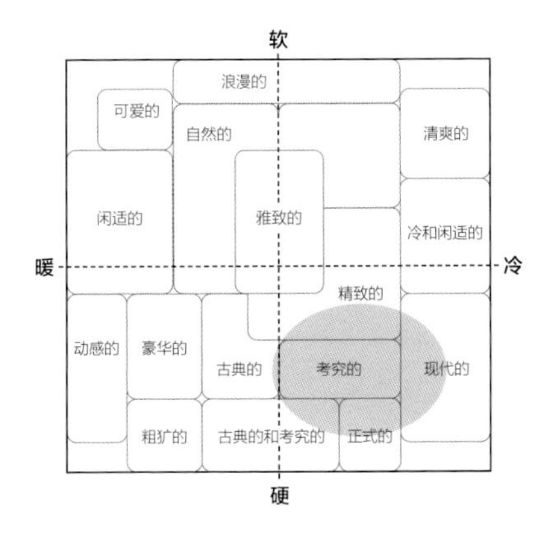

谨慎敏感

以冷色调的蓝色、灰色和较深的紫色为主色或较大面积辅助色，层次对比明显，色调和谐丰富，整体处于低调又细腻的蓝紫色调，配色意象变冷变硬。

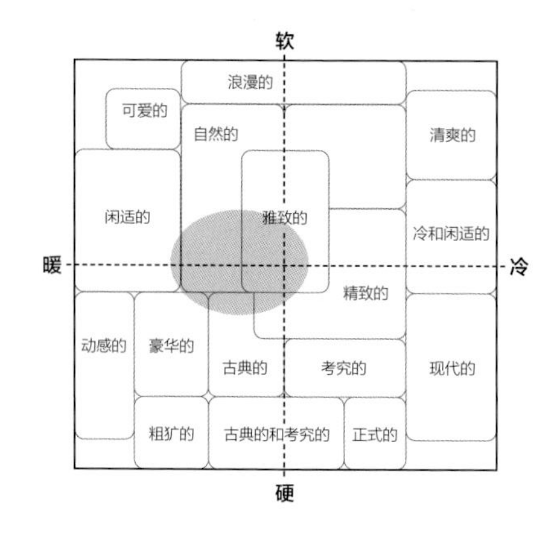

内敛知性

将柔和的暖灰色、浅棕色和灰白色作为主色或大面积辅助色，粉红色作为点缀，使整体配色处于暖灰色调的弱对比关系，整体配色意象偏柔和内敛。

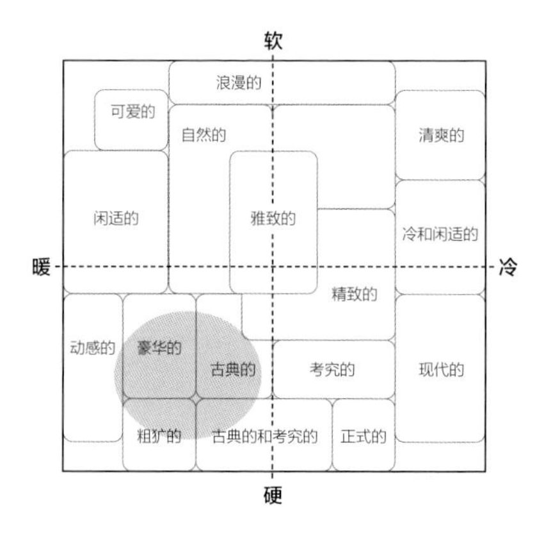

中性韵味

将较深的紫色面积比例放大，与较鲜艳的粉红色搭配，形成较强的明度对比关系，整体配色意象明显变硬，呈现为偏暖色调的中性韵味。

配饰和玩具色彩搭配提示

细节的色彩控制

配饰（手表、眼镜、首饰、发饰等）和玩具的体积相对其他物品来说都比较小，主要用途偏向于装饰和娱乐。因此，配饰在色彩设计和应用时选择的范围更大，但也因为体积小，并且时常拿在手中把玩或近距离接触、观察，所以要求设计者尤其注重色彩和质感的细节。

儿童的色彩选择

一般来说玩具都是面向儿童的，但儿童对颜色的接受方式并不统一，这取决于儿童的年龄。不同年龄阶段的儿童，色觉发育程度不同。对于年幼的孩子来说（6 岁以下），色彩明度对比含混不清的配色，在色觉辨识上会有困难（儿童一般要到 6 岁时视力才能达到 1.2 左右，到 12 岁时眼轴的发育才达到成人的水平，对年幼的孩子来说，眼睛对焦的能力还比较弱）。因此，通常孩子比较容易喜欢色块分明的配色方式，年纪越小，这一特点越明显。

而从心理学的角度来看，年幼的孩子并没有明显的由性别带来的色彩偏好（如果家长不刻意灌输，年幼的男孩未必天然地会喜欢蓝色，年幼的女孩也未必定然喜欢粉色）。随着孩子年龄增长和价值观的逐渐建立，他们会逐渐形成自己的色彩偏好，此时的色彩偏好也由孩子的生活方式构成。

无论配色是柔和（图 38）还是鲜艳（图 39），对于年幼的孩子来说，色块分明才是关键。

图 38

图 39

第 5 章

产品色彩的意象氛围

厨房电器

5.1 配色组合一

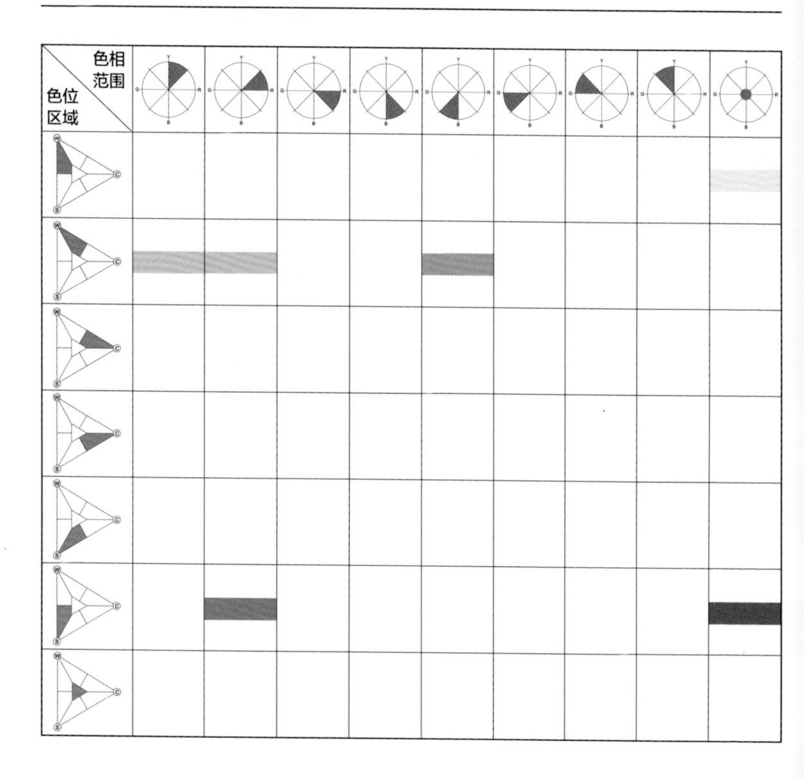

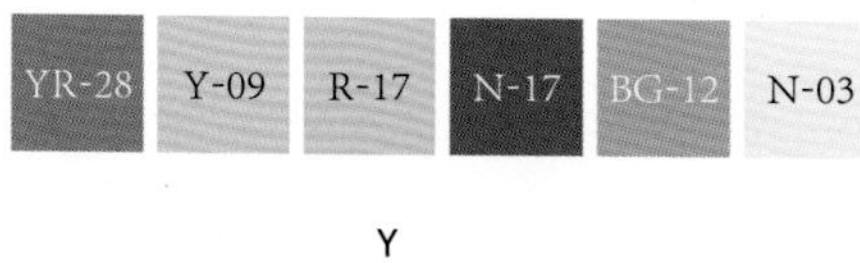

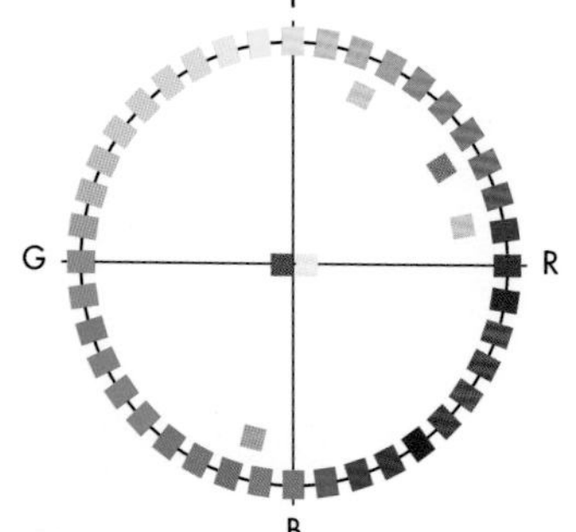

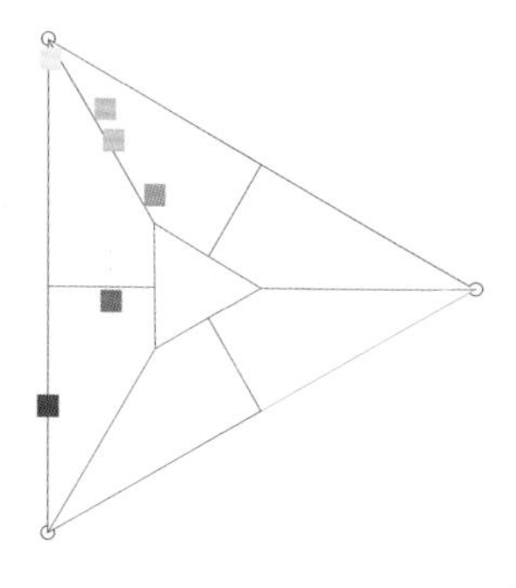

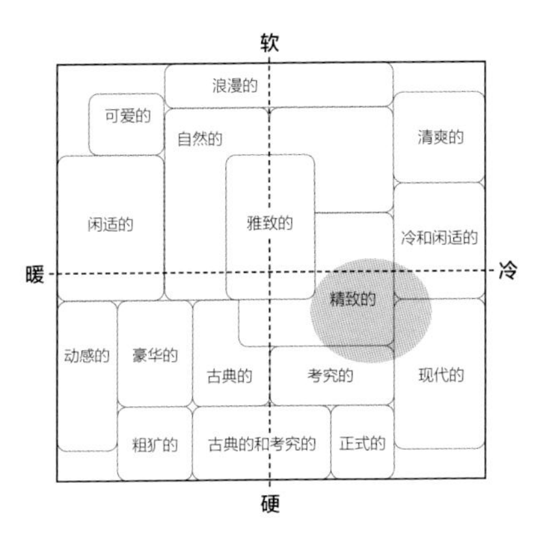

北欧现代

以青色为主色，浅黄色、浅粉色和灰白色为辅助色，整体配色呈现较强的明度对比和冷暖色对比，配色意象更具北欧现代格调感。

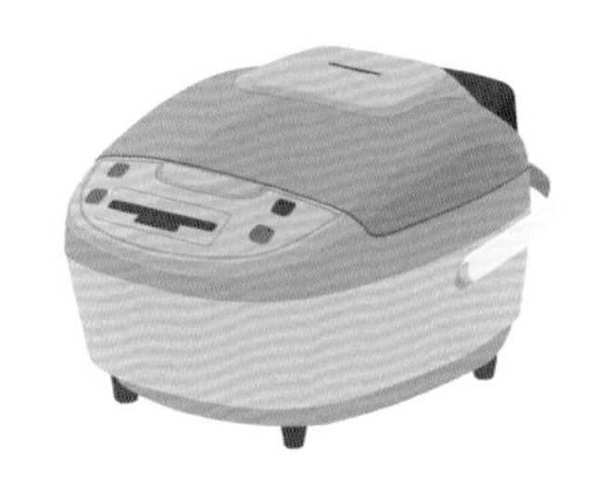

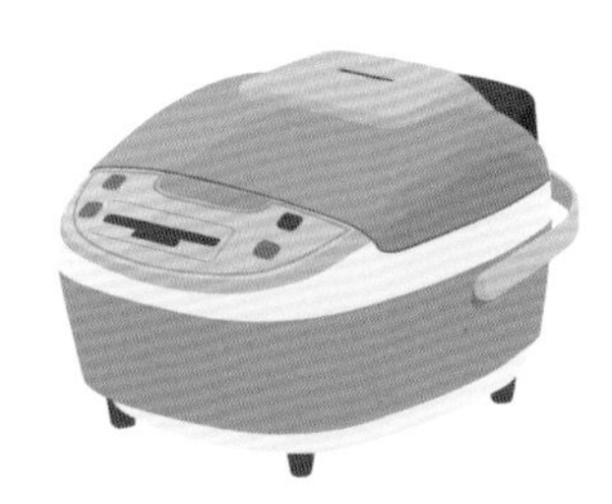

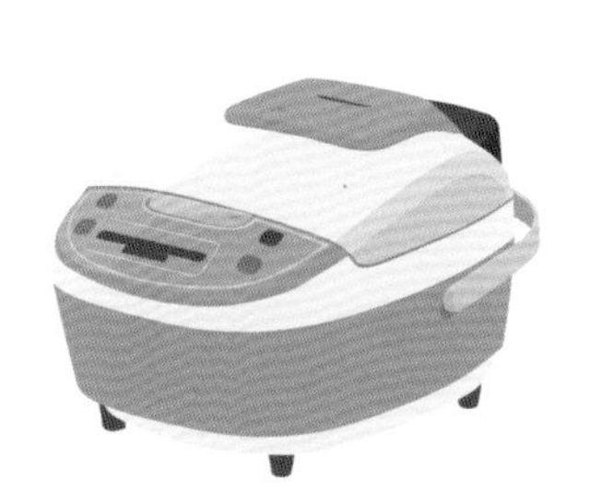

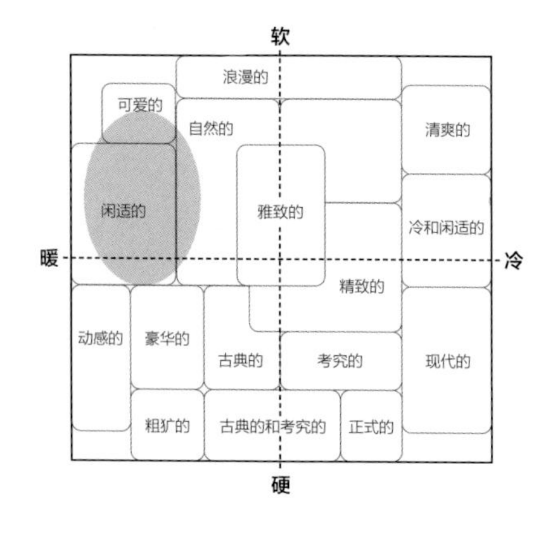

甜美柔和

暖色调搭配，浅黄色、浅粉色和中明度棕色为主色，灰白色为辅助色，此时整体配色明度对比较弱，呈可爱绵软的清新粉黄色调。

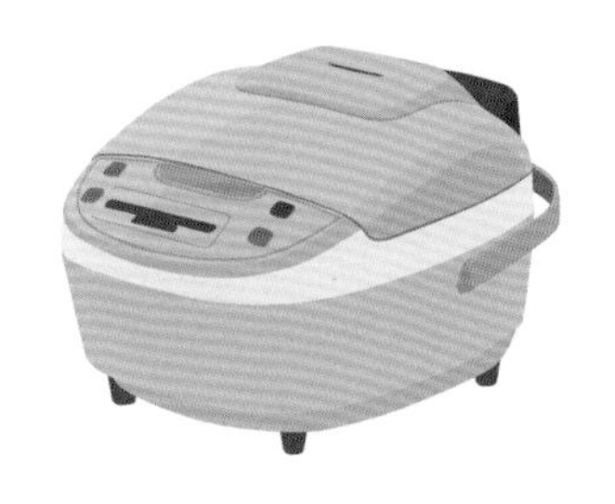

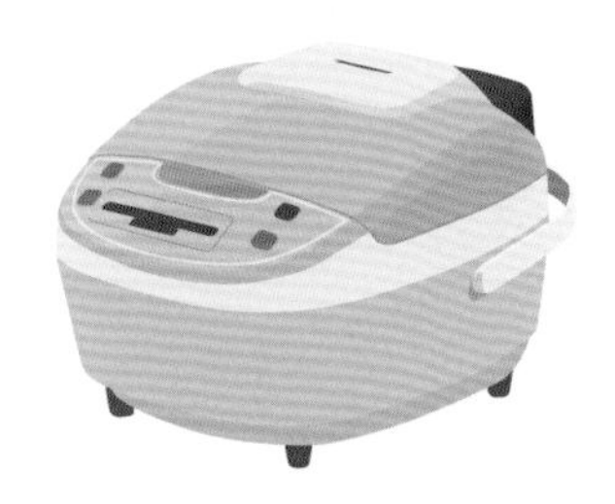

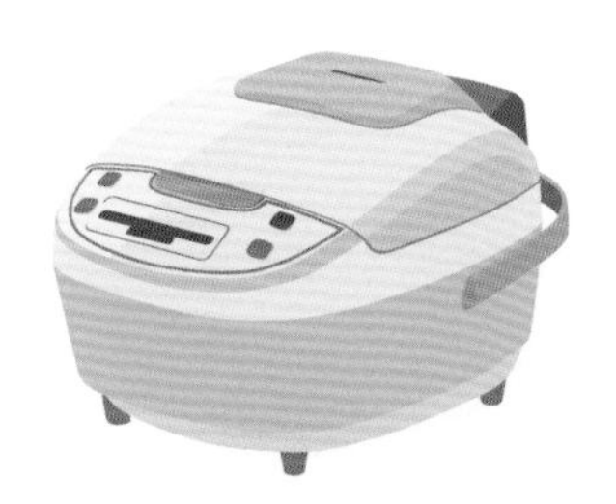

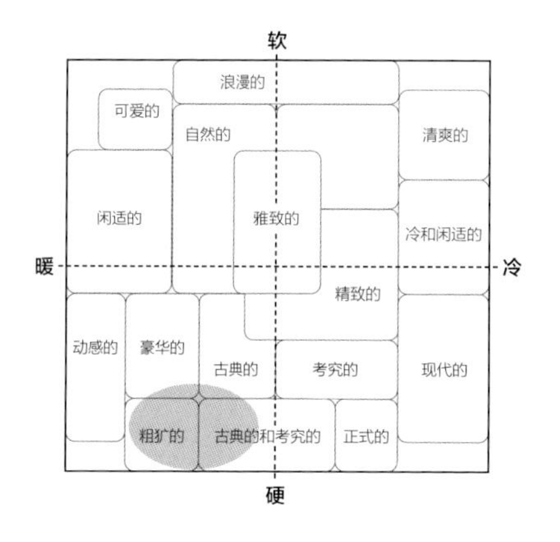

沉着持重

将低明度的深灰色面积比例放大，与中明度棕色共同作为主色，浅黄色和浅粉色作为辅助，整体呈现层次感明显却又低沉的色调，更有质感。

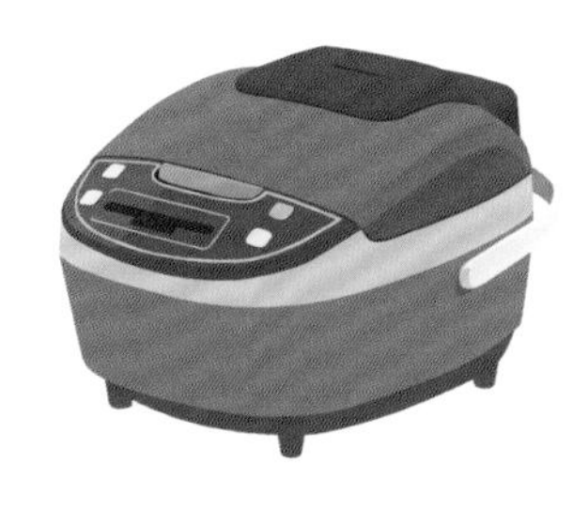

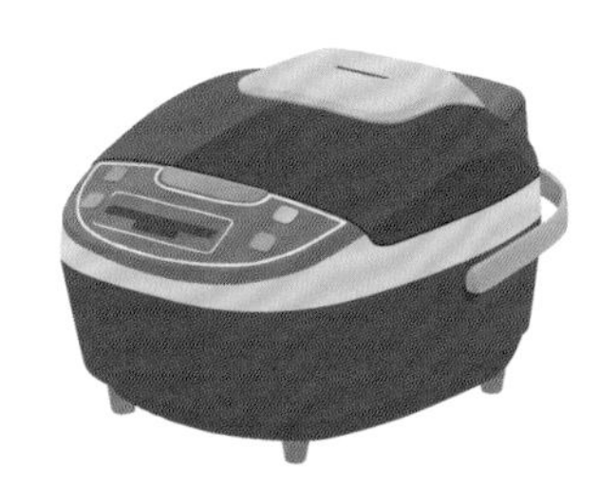

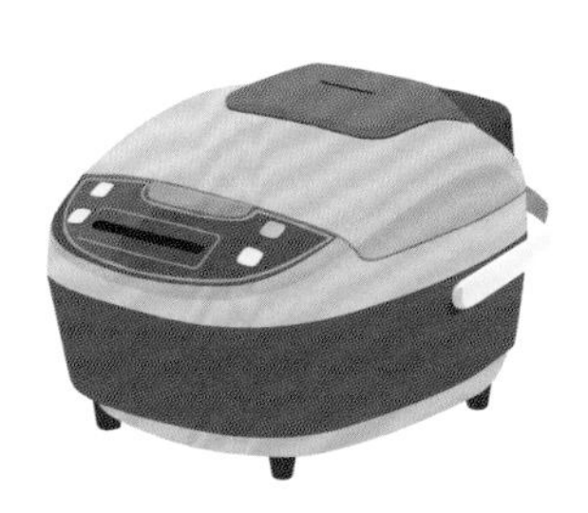

5.2 配色组合二

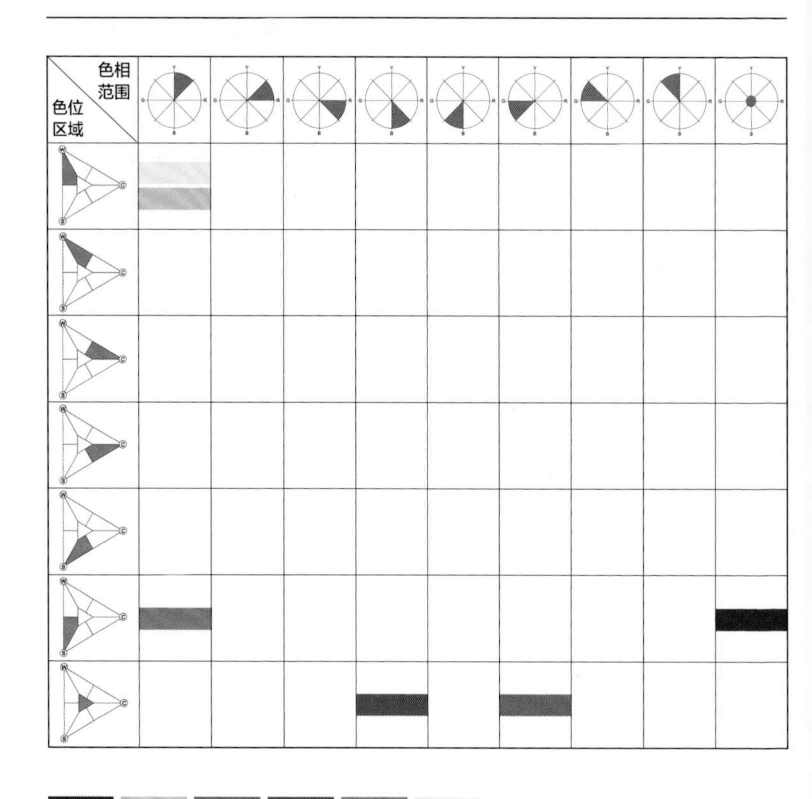

N-15 | Y-11 | BG-20 | RB-28 | YR-04 | Y-04

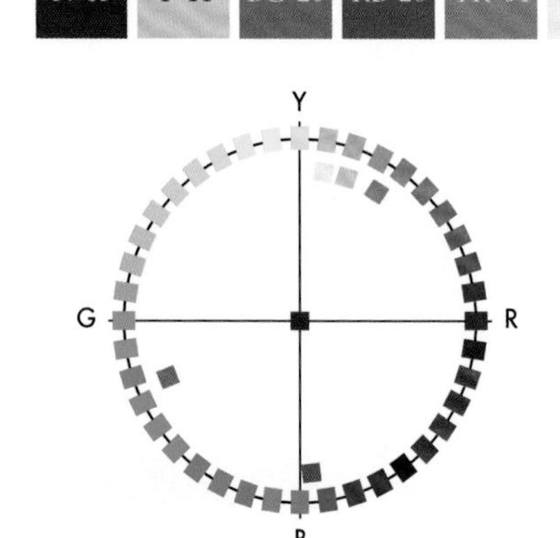

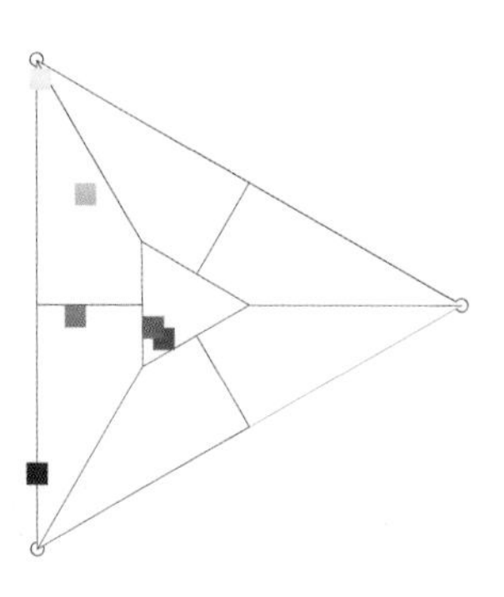

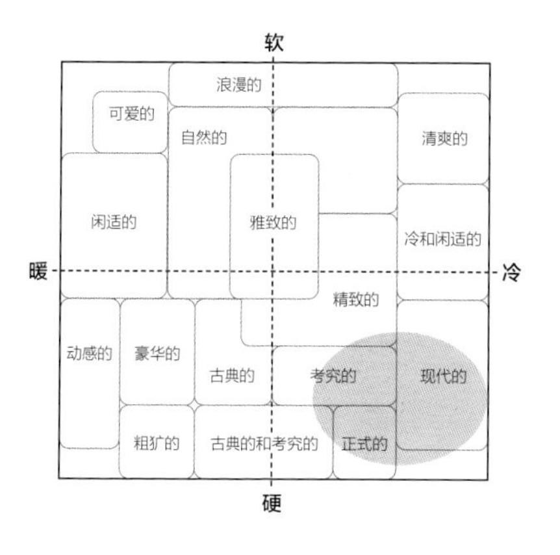

商业质感

以深军绿色、深海军蓝色和黑色为主色，浅色为点缀色，使整体处于明度对比较强的严肃深沉色调，更具商业态度。

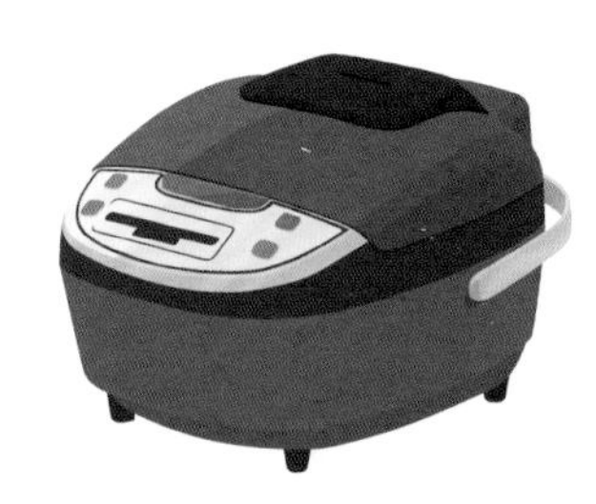

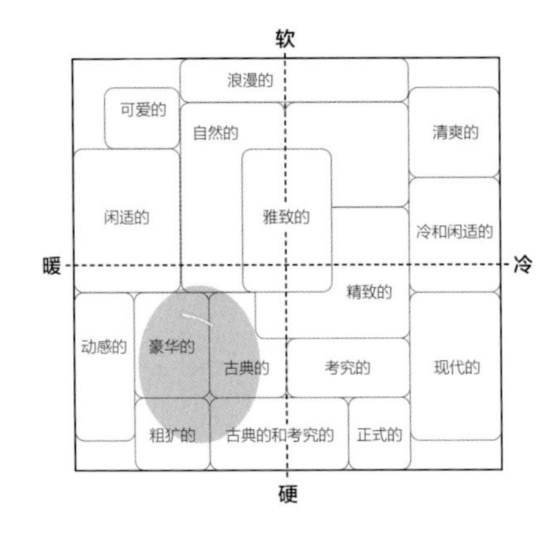

安心舒适

以暖色调为主，将浅卡其色、棕色和黑色作为主色或较大面积辅助色相互搭配，冷色为点缀色，使整体配色呈现踏实安心的暖色舒适色调。

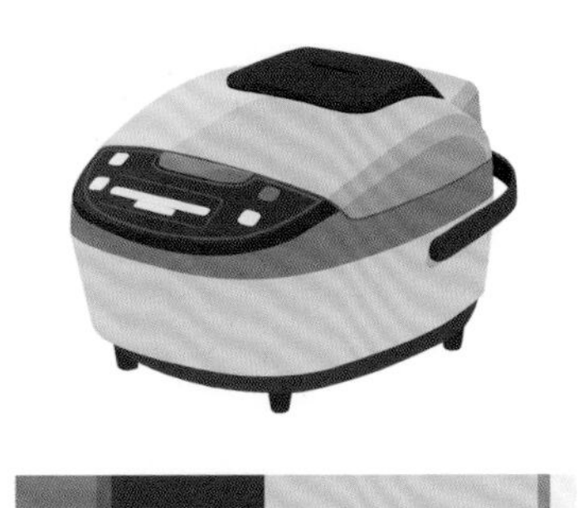

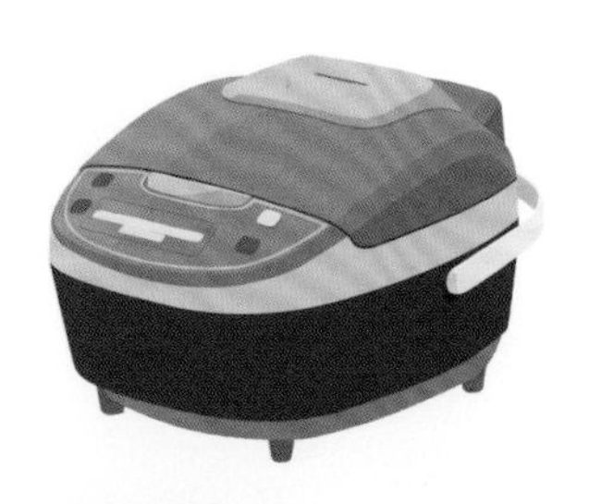

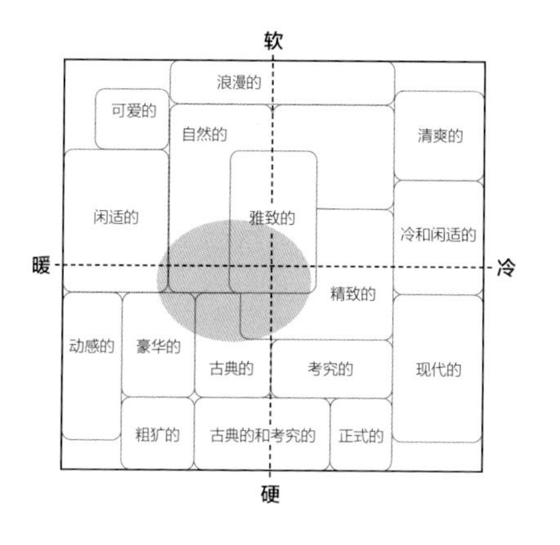

轻简态度

将高明度白色、浅卡其色、棕色作为主色，灰绿色为辅助色，整体配色明度对比就明显变弱，处于柔和的木色气息中，呈现闲适轻简的生活氛围。

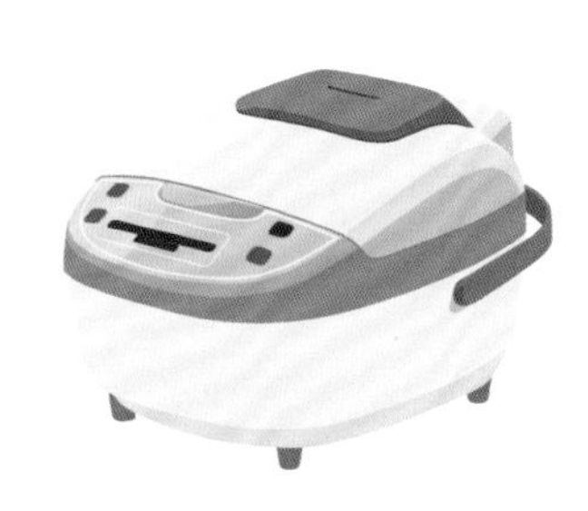

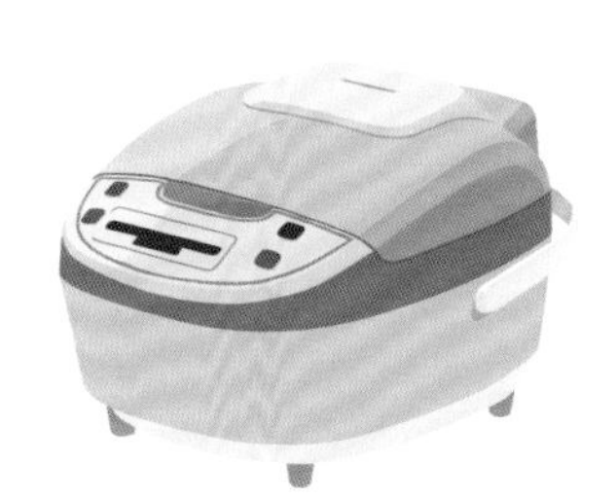

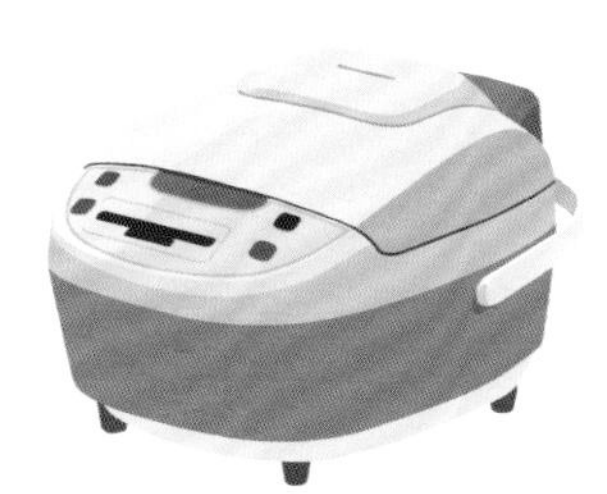

5.3 配色组合三

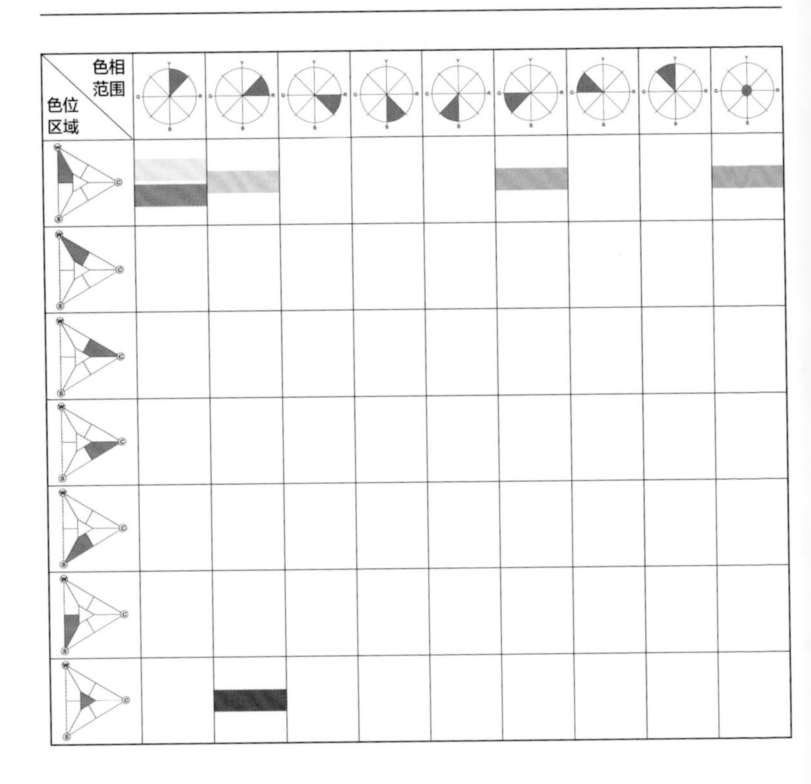

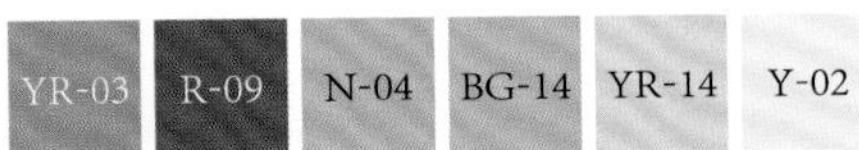

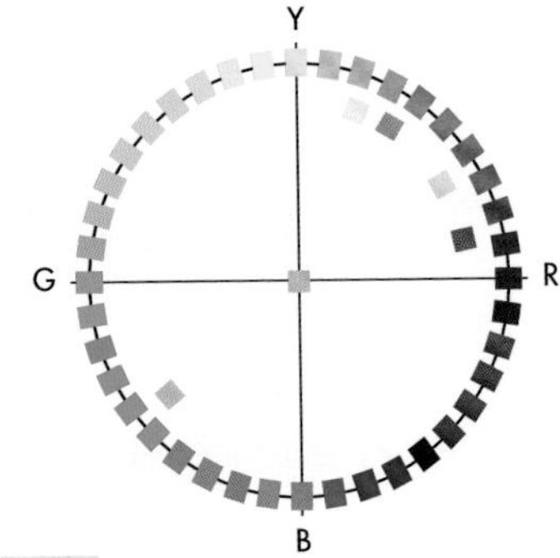

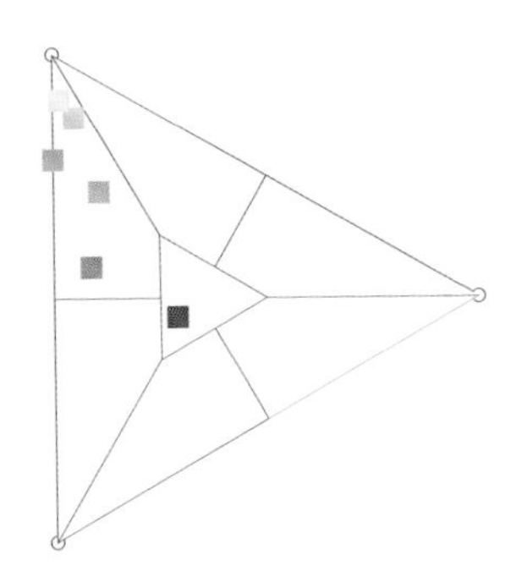

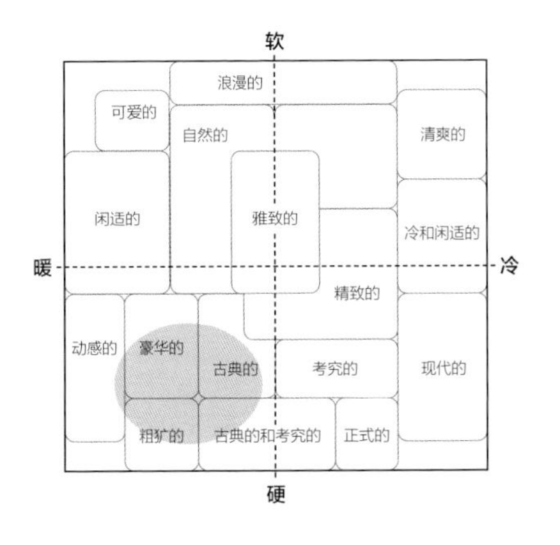

复古俏皮

以较深红色为主色，棕色、浅紫色和明亮的浅粉色为辅助色，整体明度对比关系较强烈，低明度深红色和浅粉色的搭配，显得更复古俏皮。

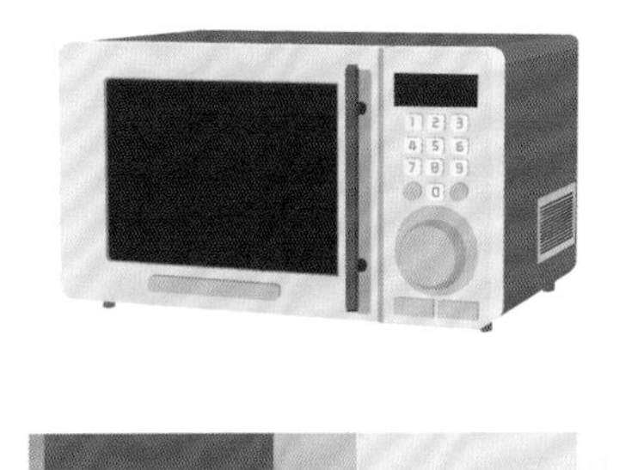

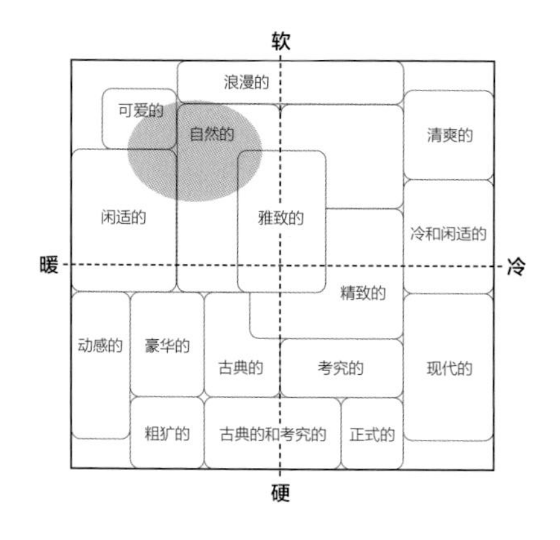

纯真可人

将浅蓝色、浅粉色、米白色和棕色作为主色和辅助色相互搭配，此时配色意象就会变软，呈现出明亮浅淡的柔和色调。

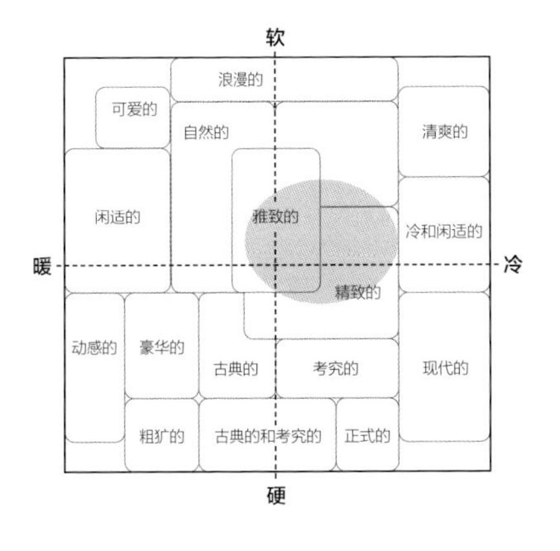

安谧静逸

将冷色调的明亮浅蓝色、浅紫色面积比例放大作为主色，米白色和浅粉色作为辅助色，使整体配色呈现较弱的明度对比，呈现出浅淡偏清冷静谧的色调。

5.4 配色组合四

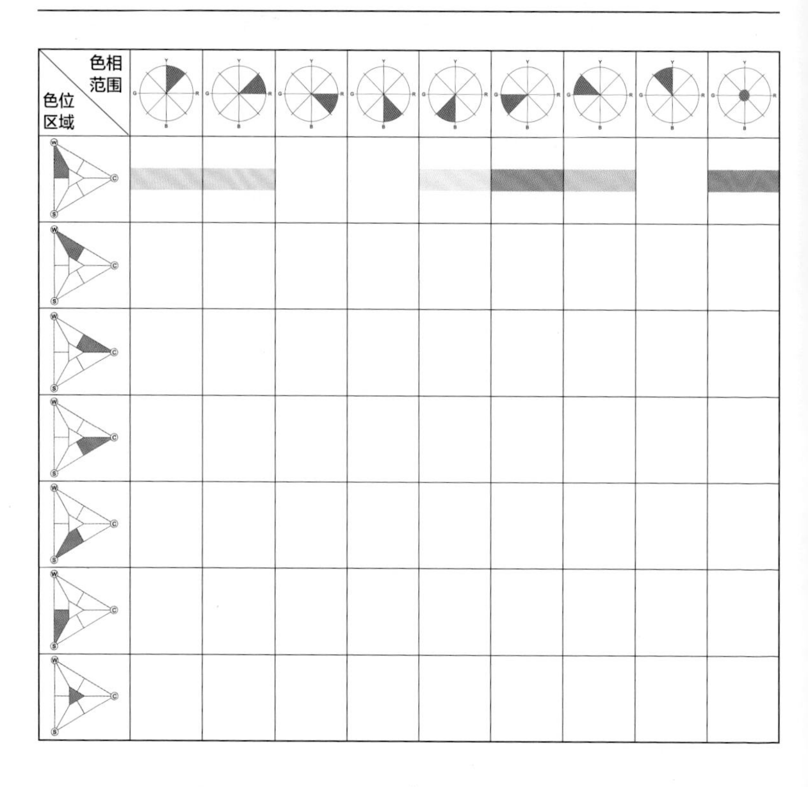

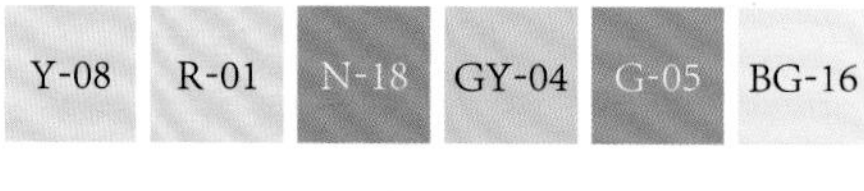

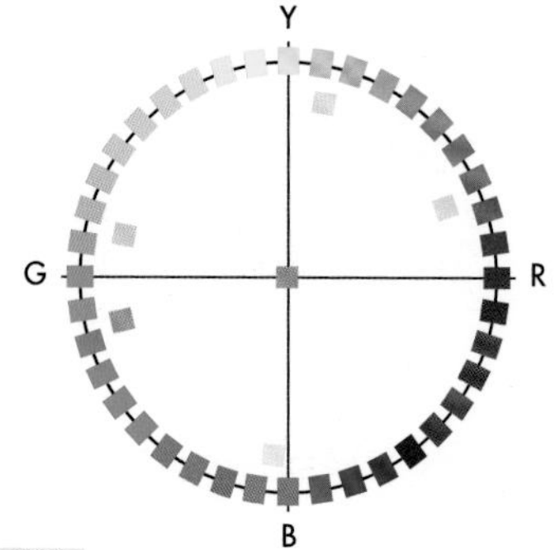

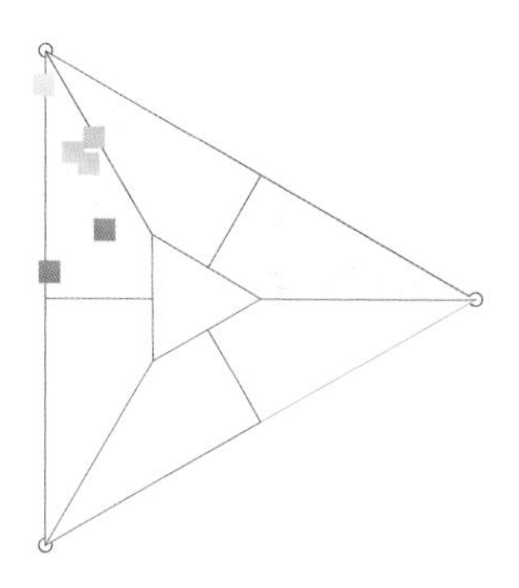

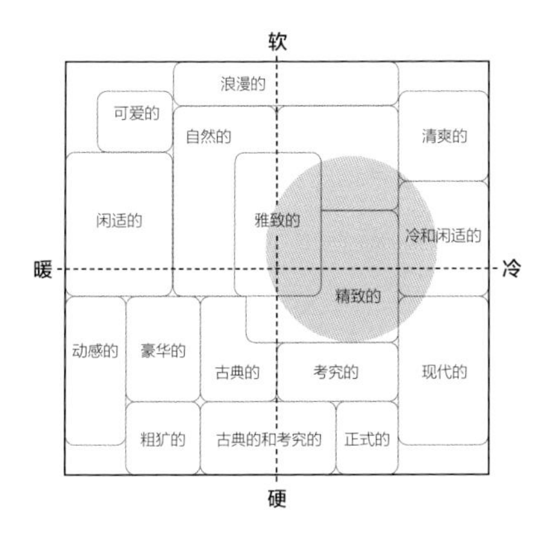

澄澈明净

以清新明亮的浅绿色为主色，灰绿色和灰白色为较大面积辅助色，使整体配色明度对比较强，配色意象较硬，呈现澄澈明净的自然之感。

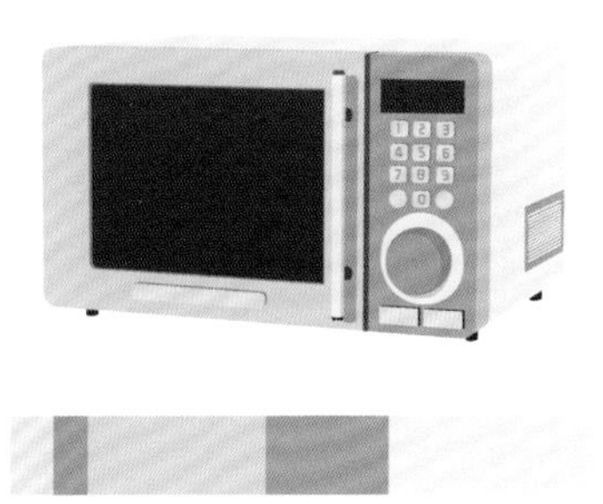

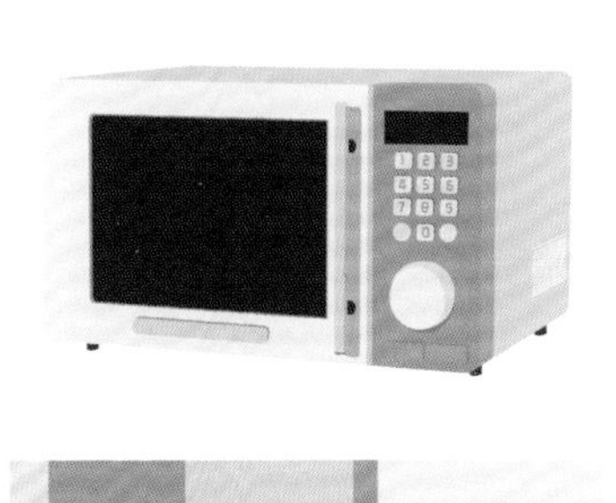

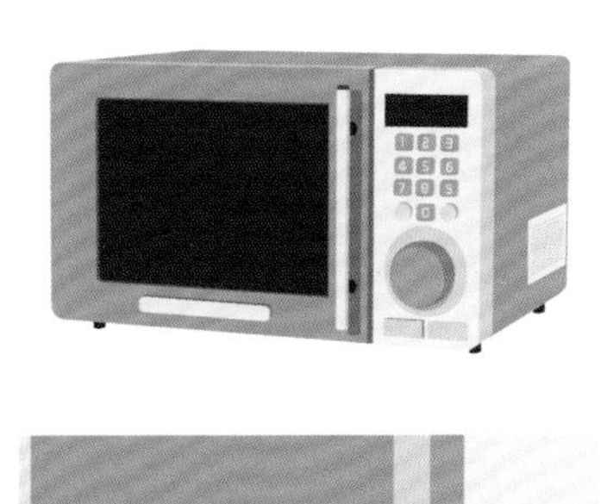

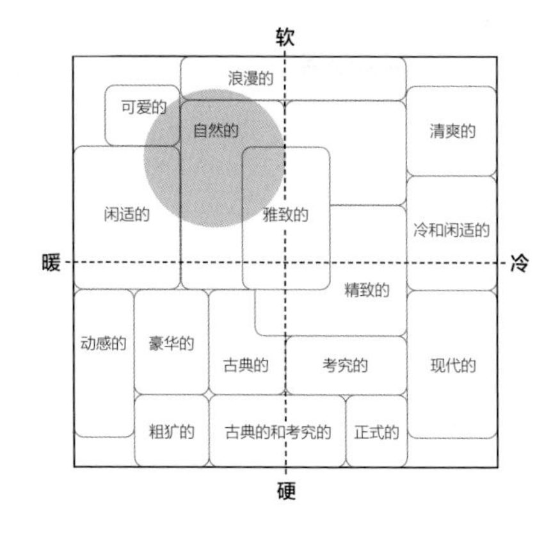

夏日糖果

将明亮暖色调的浅黄色、浅粉色作为主色，灰白色和浅绿色作为辅助色，那么整体配色明度对比就很弱，呈现出明媚清新的暖色调。

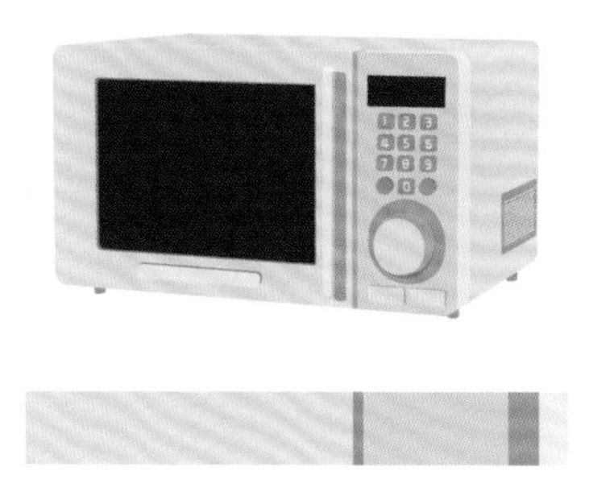

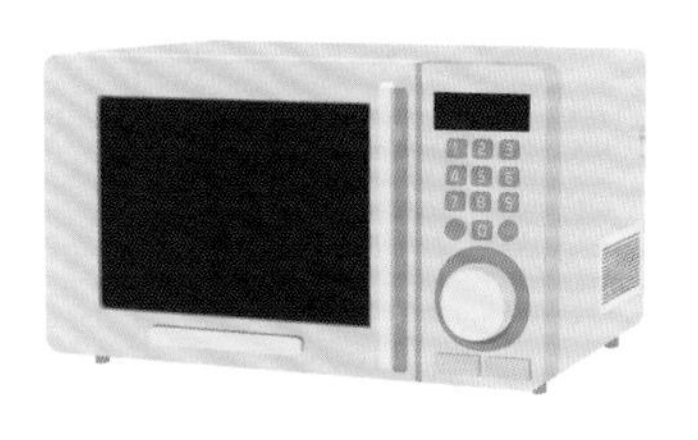

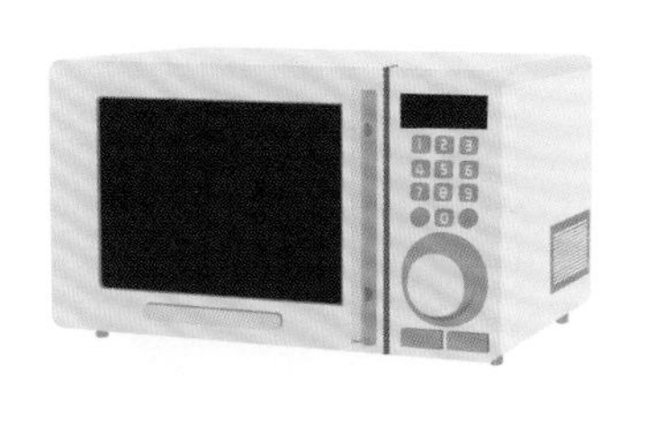

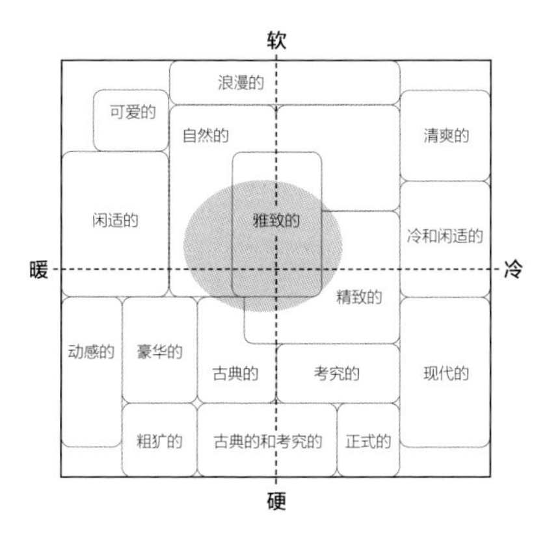

悠闲适意

将柔和的灰色面积比例放大作为主色，浅黄色、浅粉色、灰白色为辅助色，整体处于较暖的色调，中明度灰色使整体更加柔和平静。

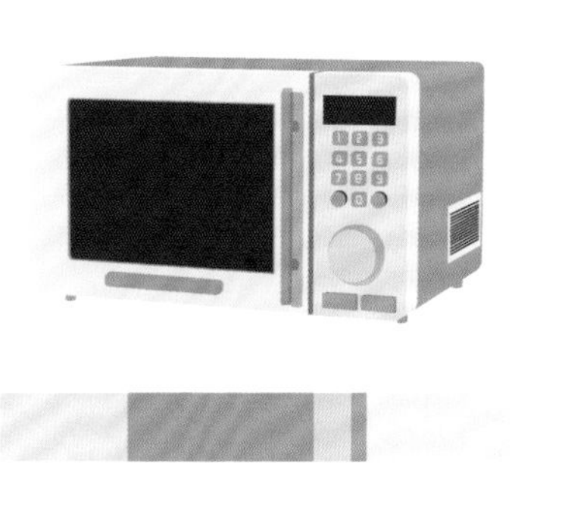

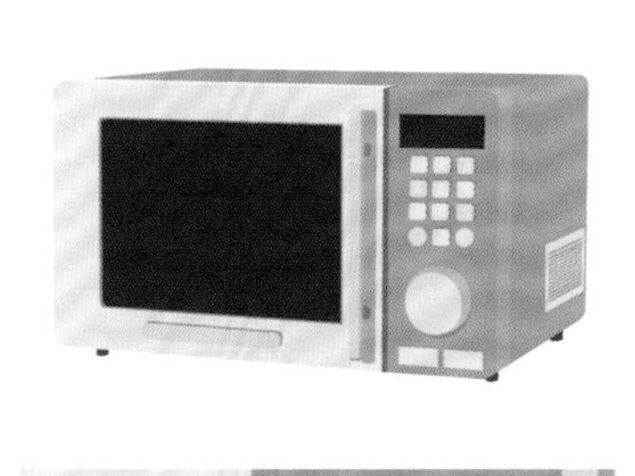

5.5 配色组合五

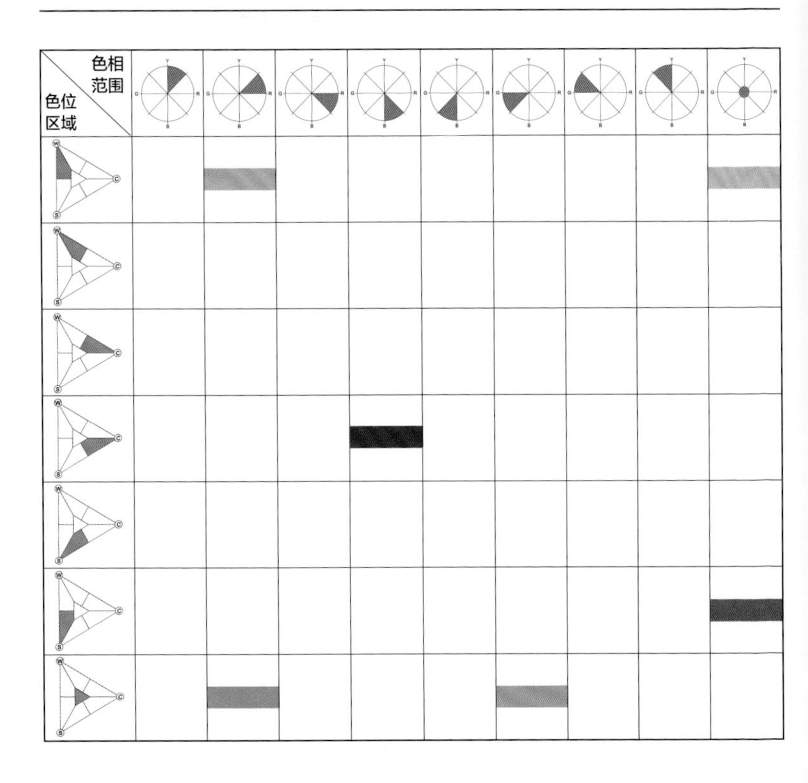

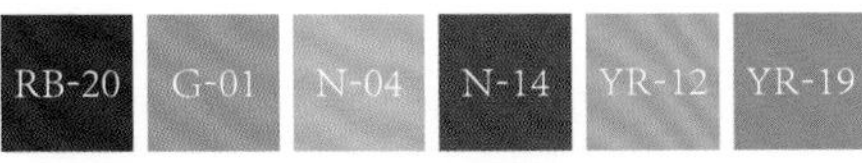

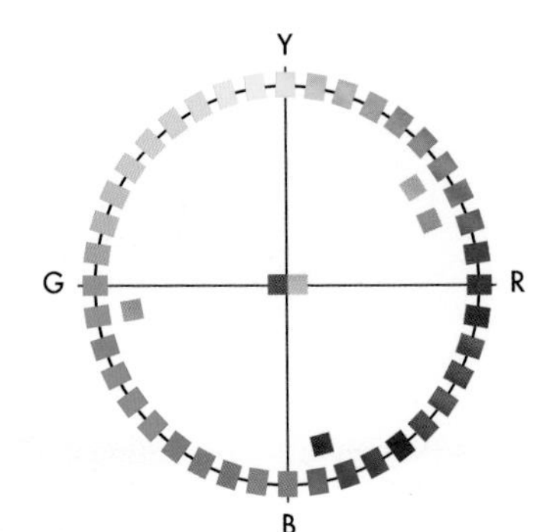

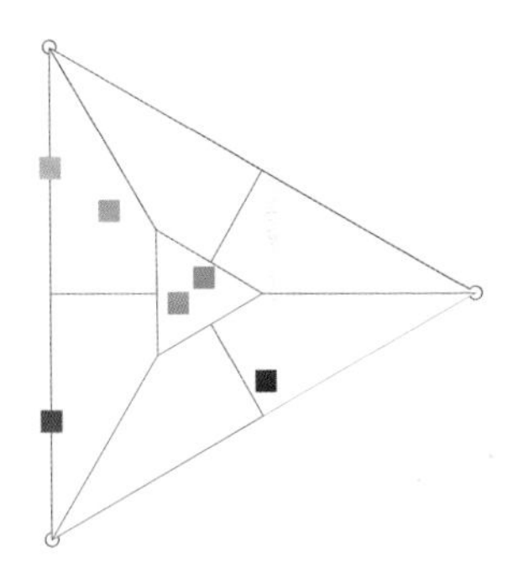

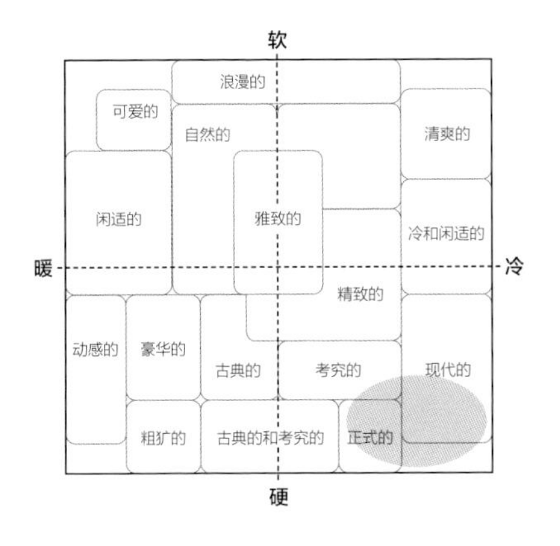

理性之光

以较深的蓝色为主色，深灰色和浅灰色、绿色作为辅助色，整体配色呈现为深沉的冷色调，表现沉静、旷达、睿智、有力量。

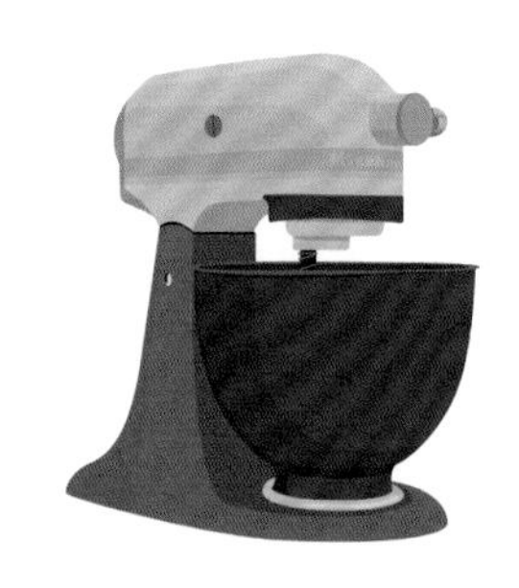

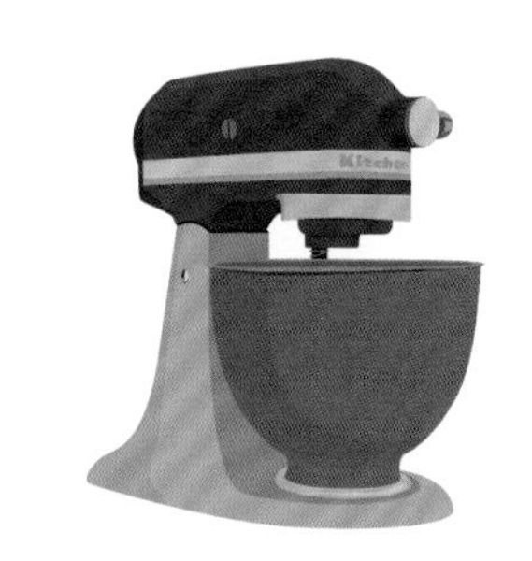

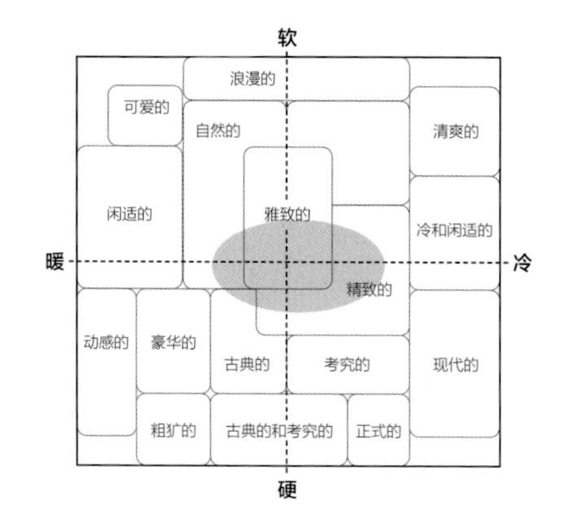

木瓜之味

将浅灰色、浅橘色和绿色作为主色或较大面积的辅助色，那么整体配色明度对比较弱，绿色和浅橘色呈对比色搭配，整体色彩多了趣味性。

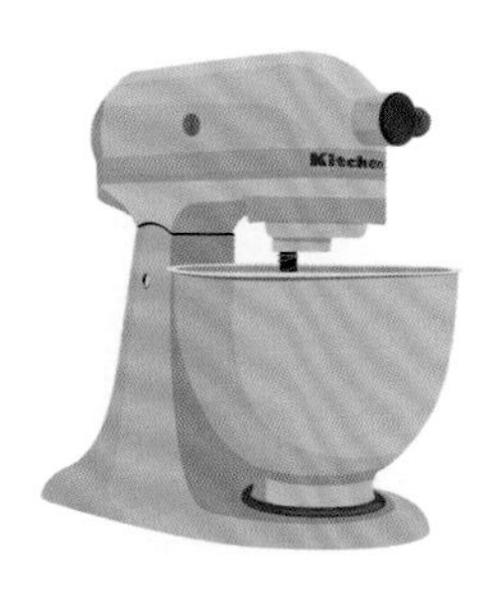

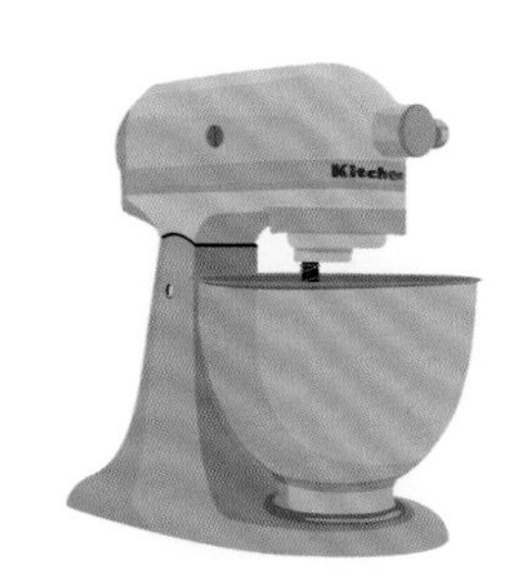

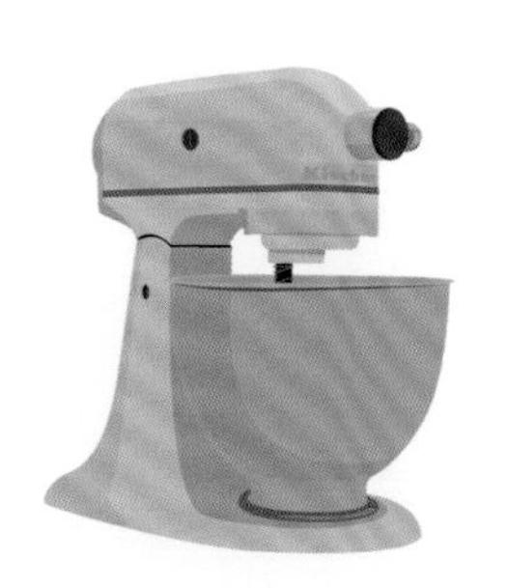

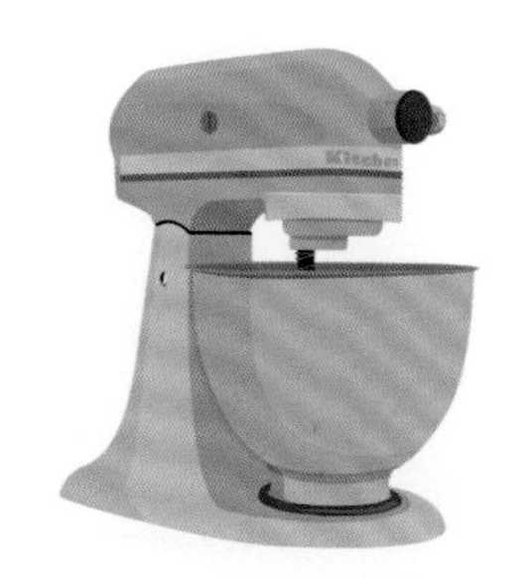

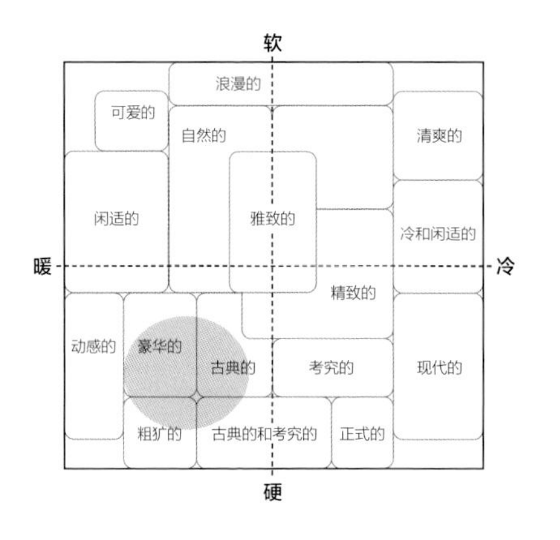

古雅格调

将较明亮鲜艳的橙色面积比例放大，与深灰色或浅灰色搭配，整体明度对比较强烈，鲜艳的橙色与无彩色之间的对比使配色意象流露古典考究之感。

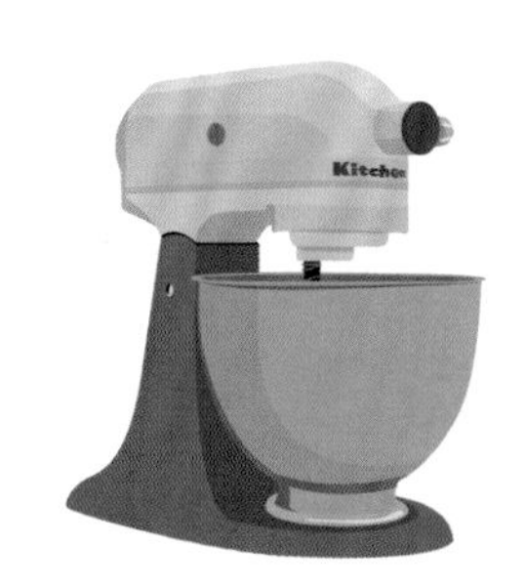

5.6 配色组合六

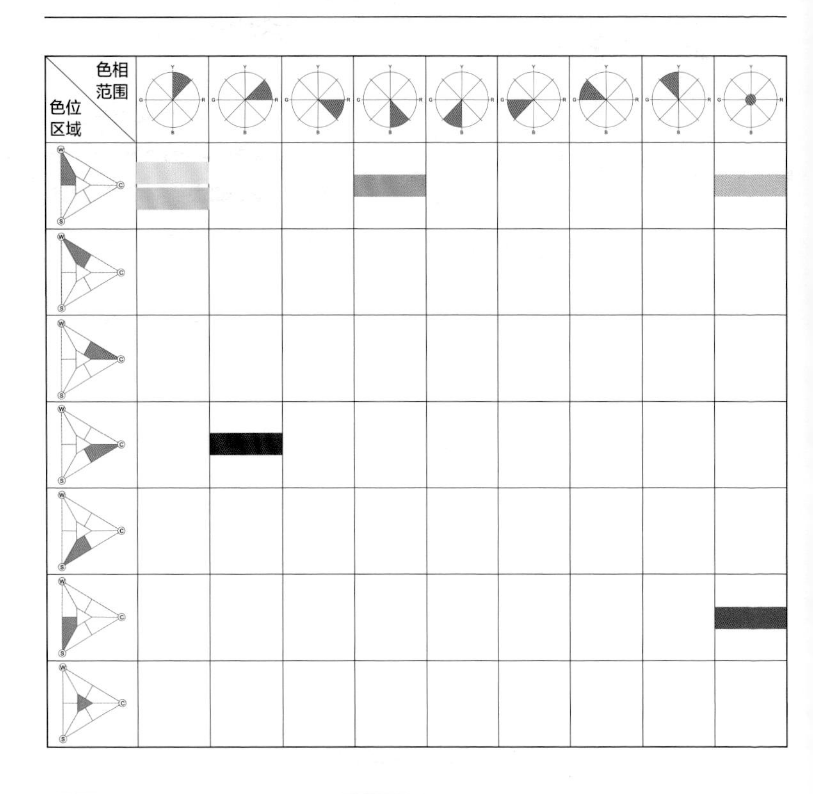

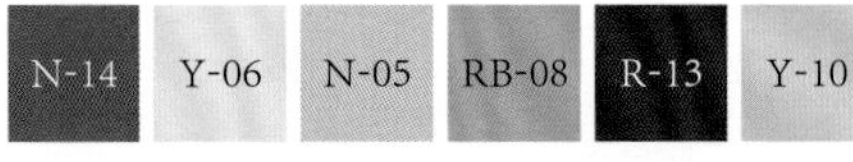

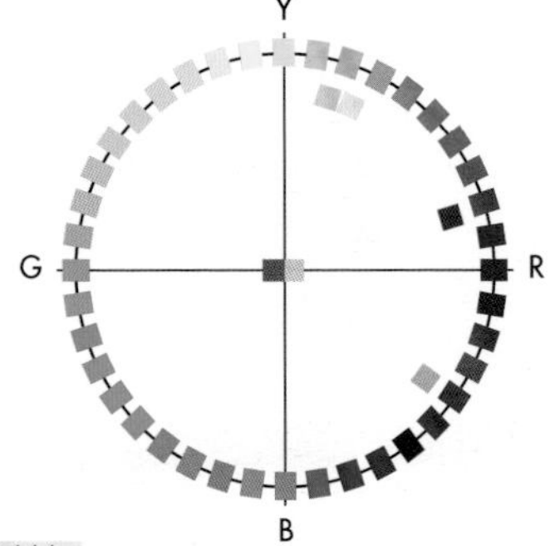

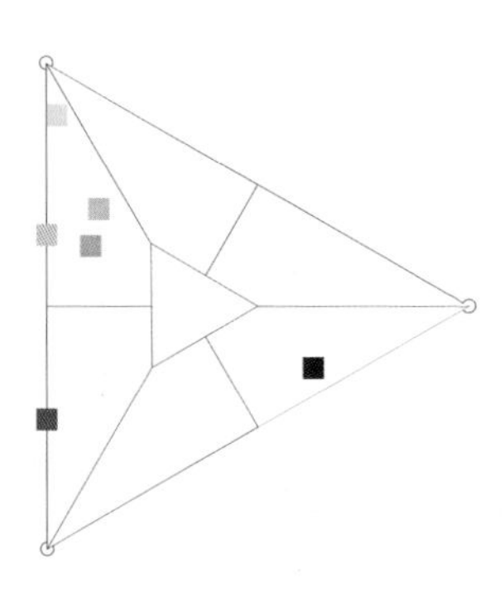

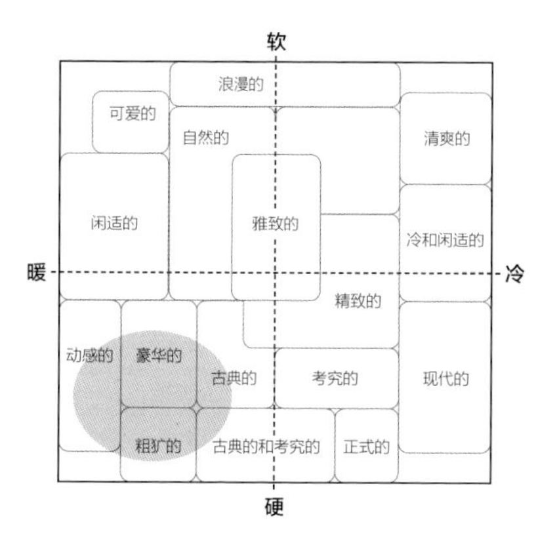

成熟瑰丽

以深暗红色为主色，与深灰色或浅色搭配，明度梯度变化较大，使整体配色意象较硬，暗红色的主色调使整体更有复古雅致感。

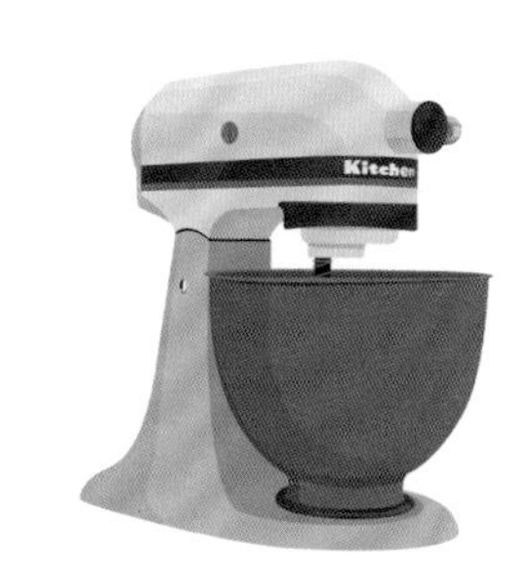

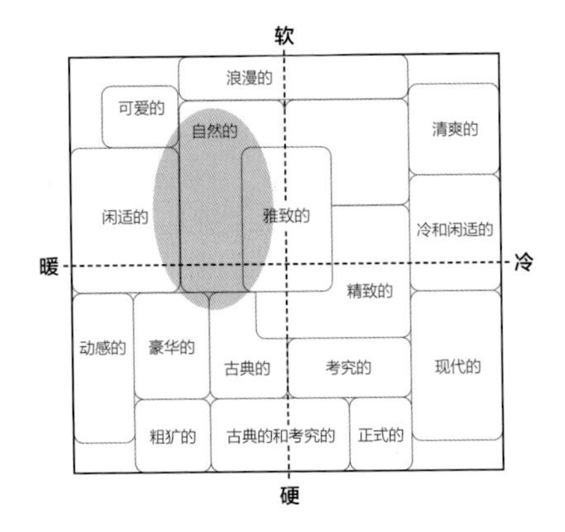

甜润清亮

将浅黄色、浅紫色、米白色作为主色或较大面积辅助色相互搭配，深色则为点缀色，那么整体明度对比较弱，就会呈现甜润清亮的柔和色调。

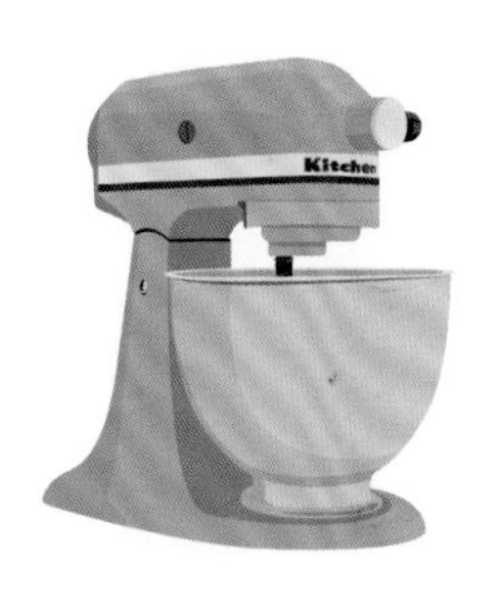

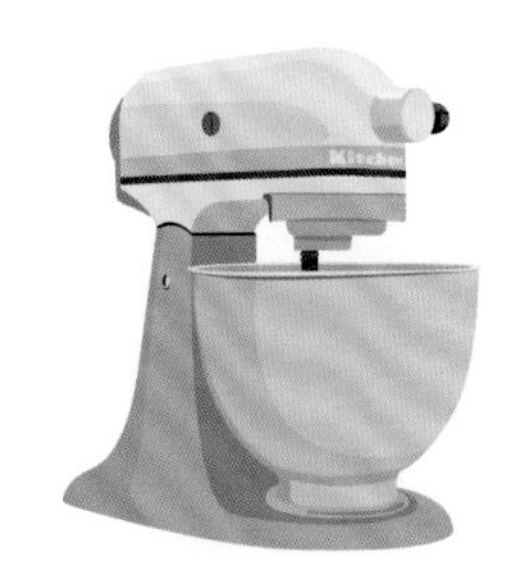

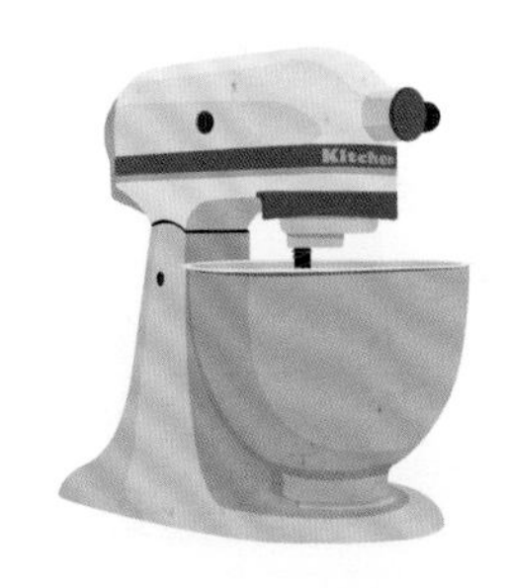

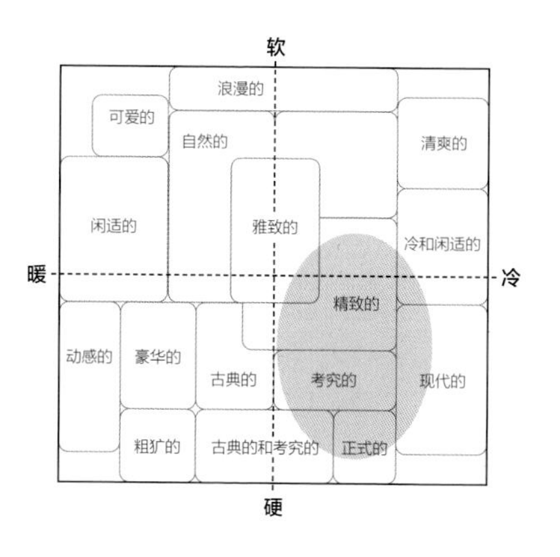

清逸淡雅

将浅灰色、浅紫色和深灰色作为主色，米白色作为辅助色，那么整体明度对比较强烈，灰色偏冷色调让整体氛围表现出清冷的现代格调。

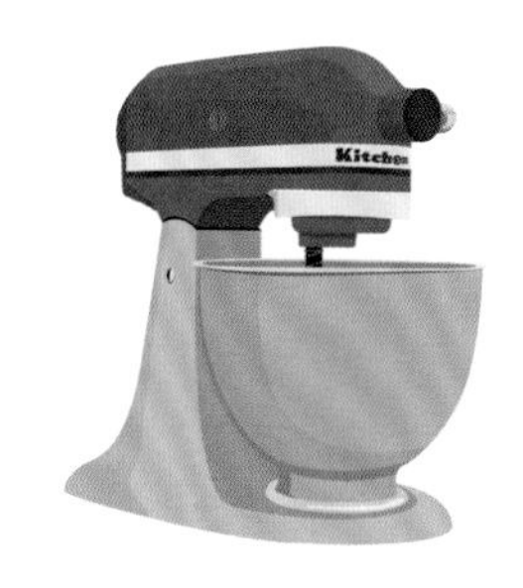

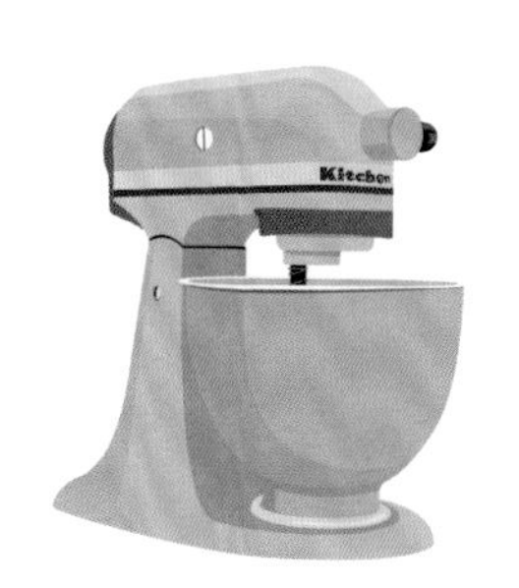

5.7 配色组合七

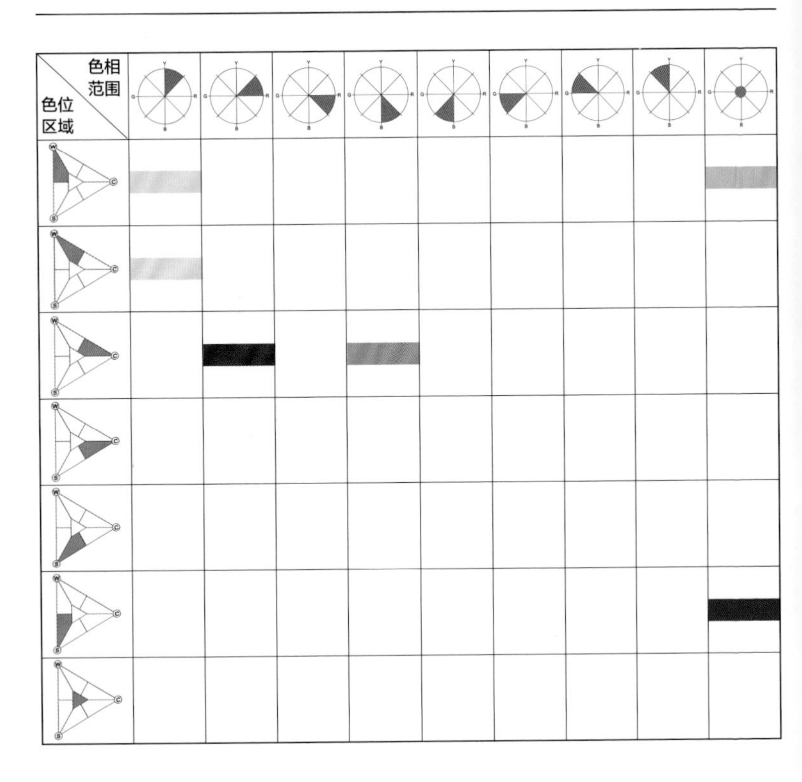

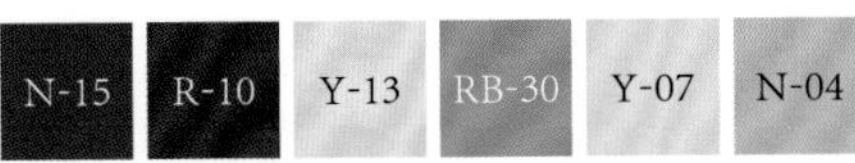

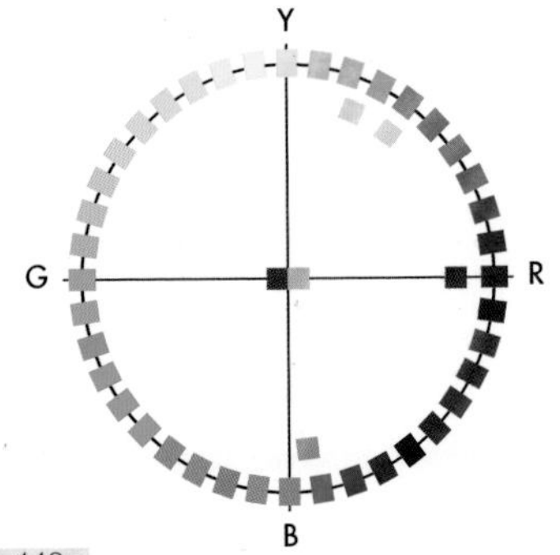

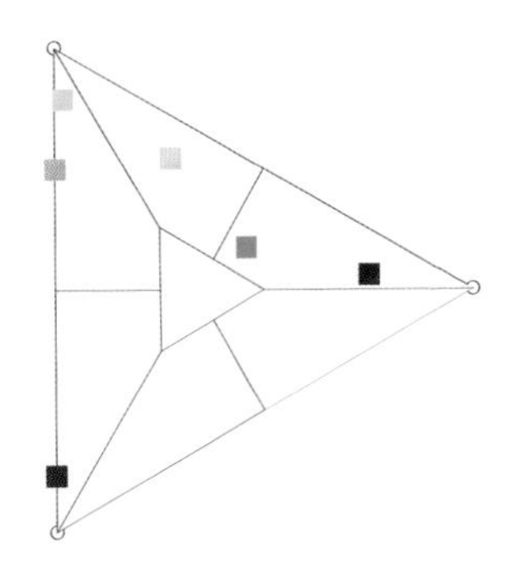

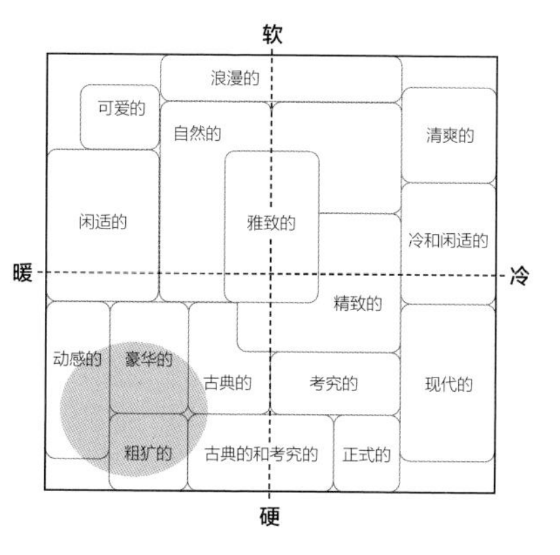

欢愉热烈

以深灰色、鲜艳红色和浅黄色为主色，浅灰色为辅助色，整体配色呈明度对比强烈的暖色调，表现欢愉热烈、充满激情的氛围。

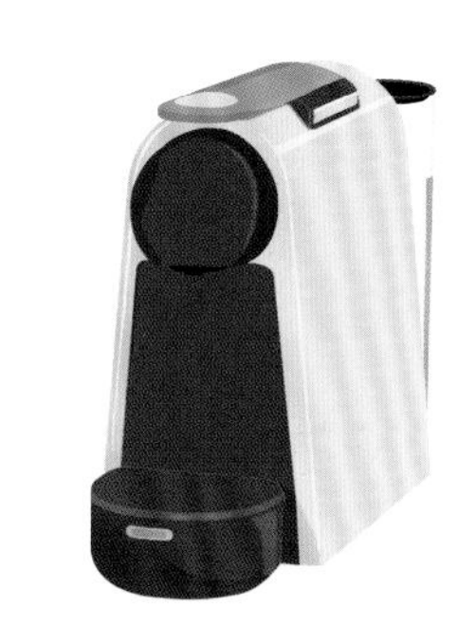

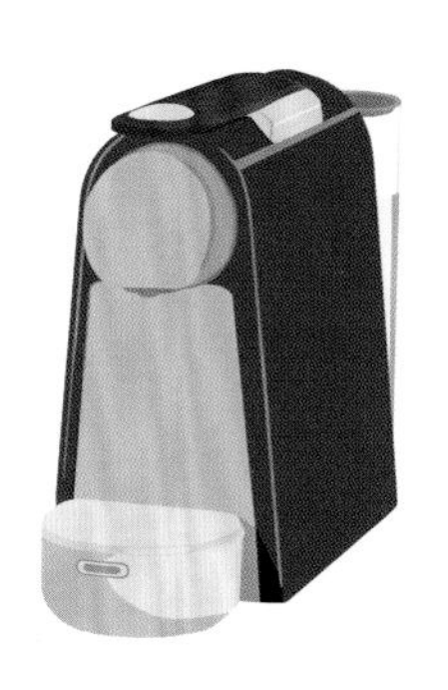

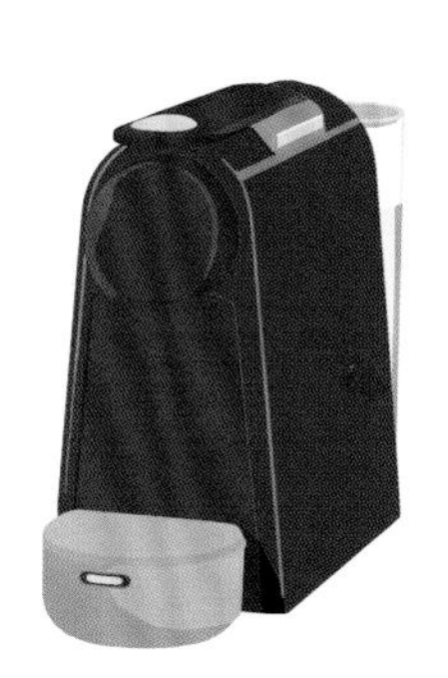

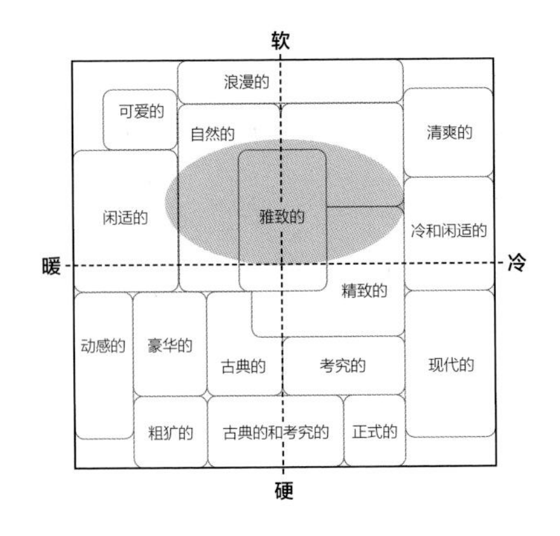

奇趣童年

以明亮的浅黄色、米白色和柔和的浅灰色为主色相互搭配，深灰色和冷色（蓝色）、鲜艳红色都为点缀色，整体配色在柔和中又有跳脱，显得活泼有趣。

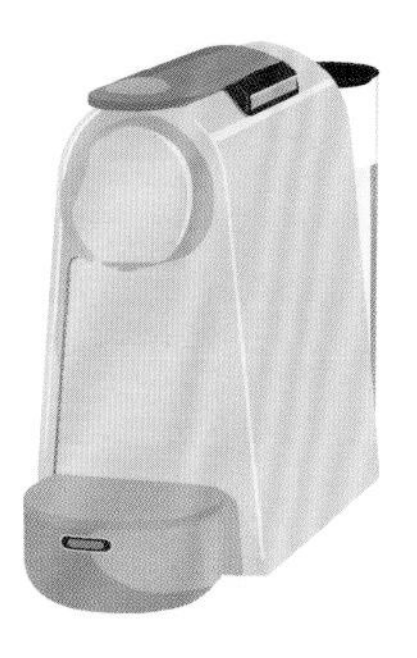

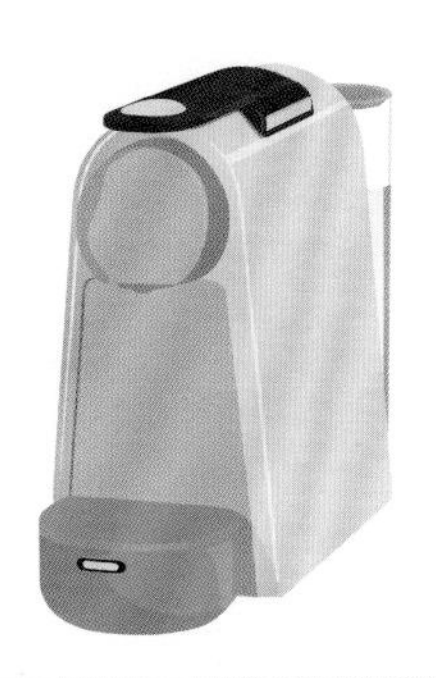

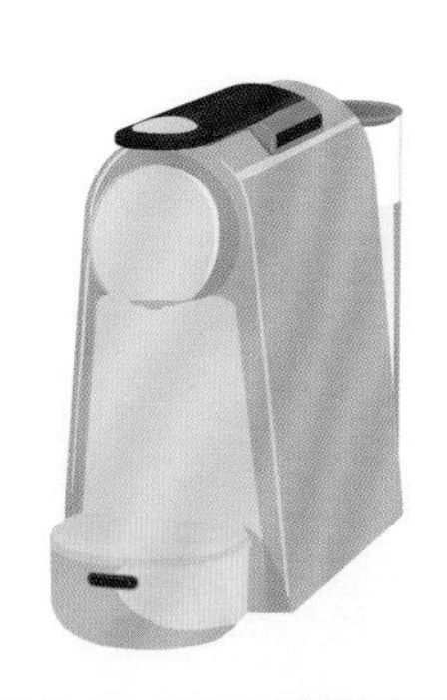

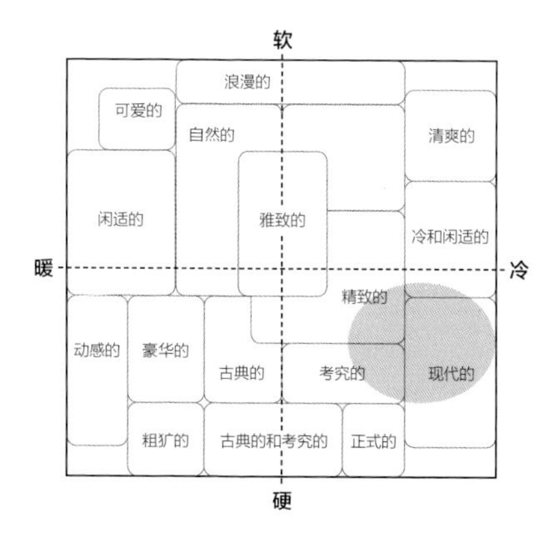

智慧科技

将蓝色面积比例放大，大面积的深灰色与浅灰色、米白色对比明显，那么整体就处于明度对比较强烈的冷色调，呈现出智慧感、科技感。

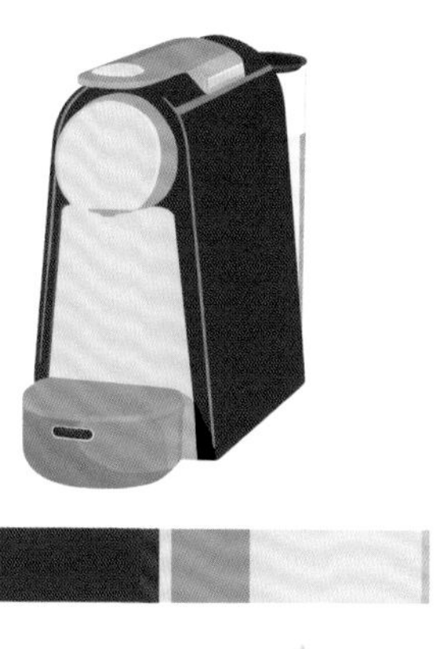

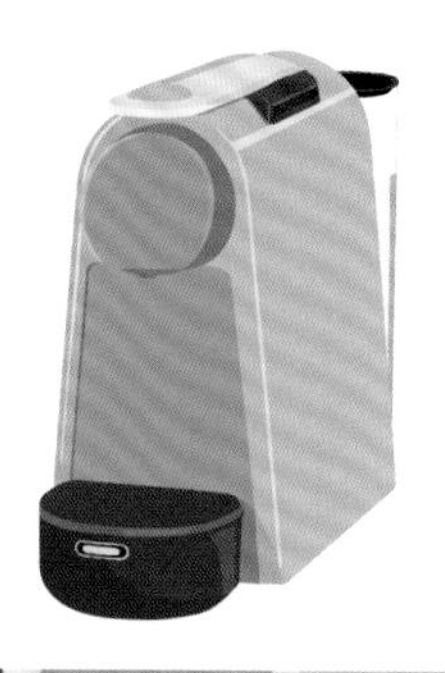

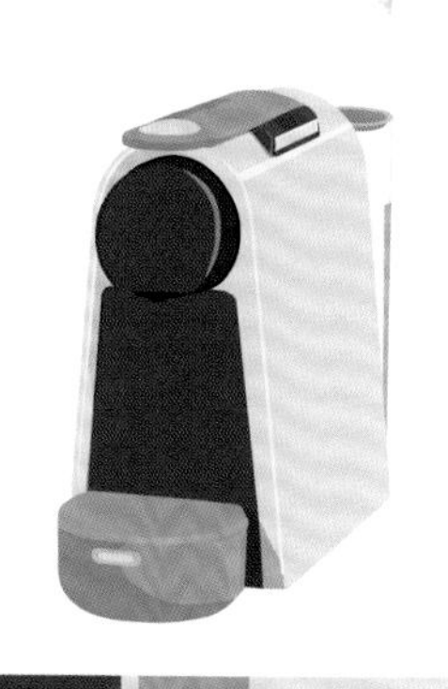

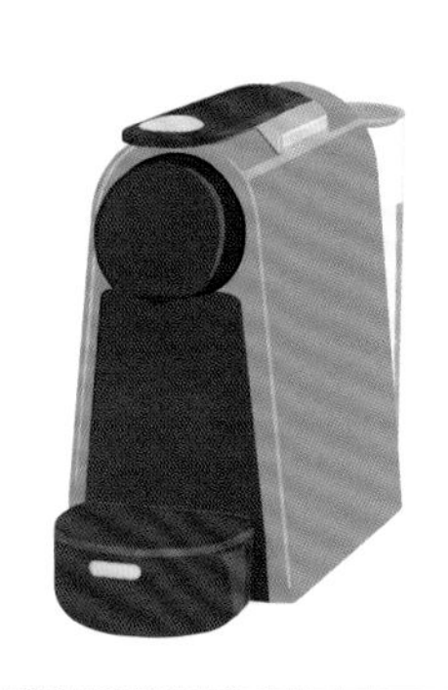

5.8 配色组合八

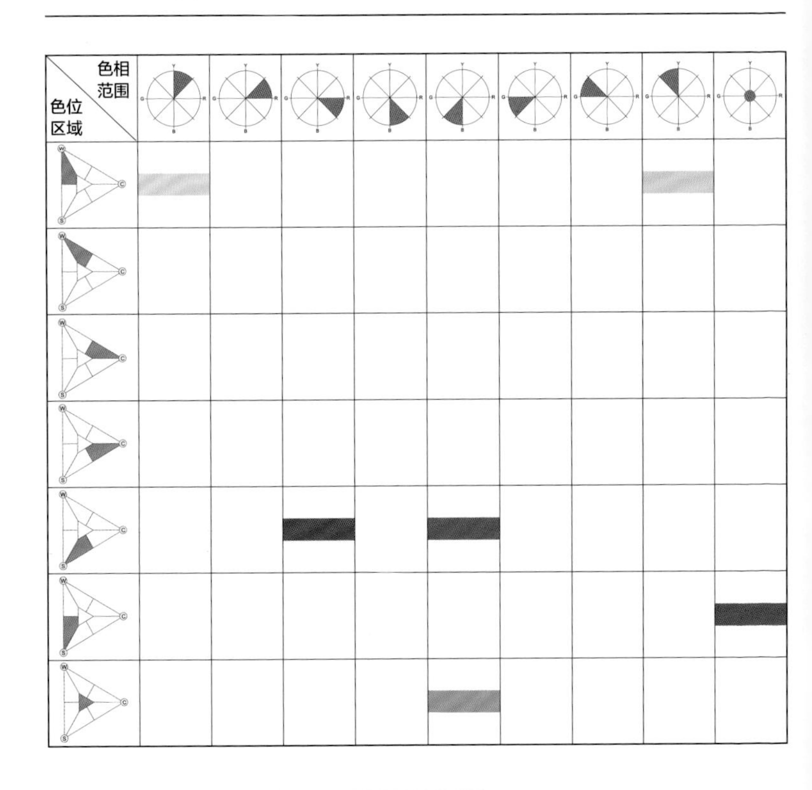

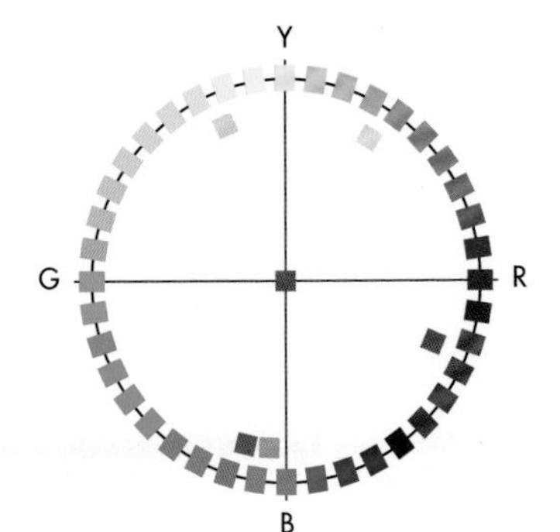

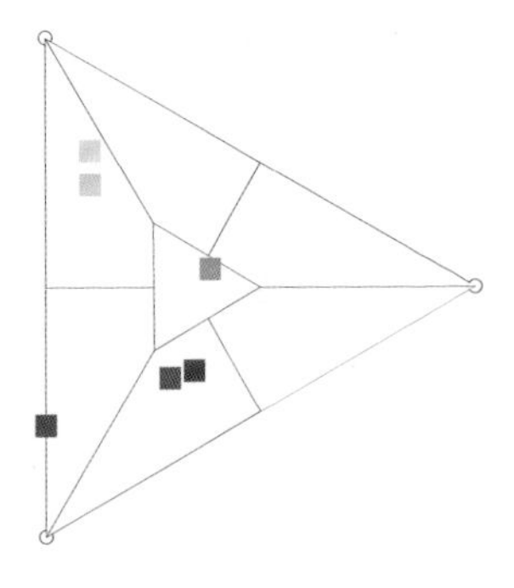

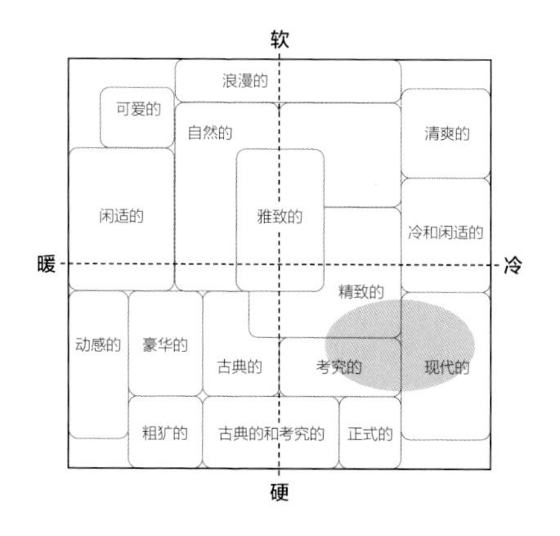

意蕴幽深

以冷色调的浅蓝色和深蓝色为主色，深灰色和浅绿色为较大面积辅助色，此时整体配色表现为较暗的低沉深邃冷色调。

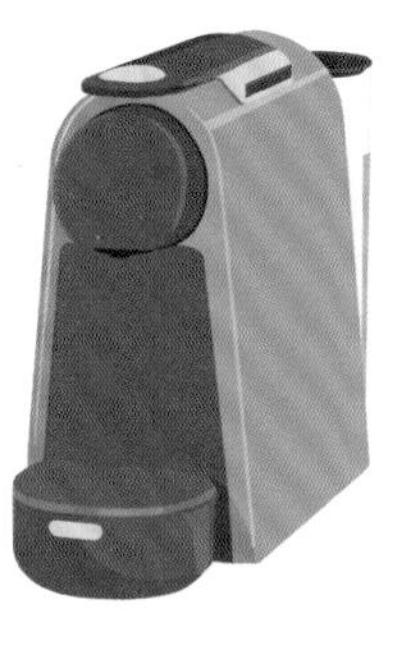

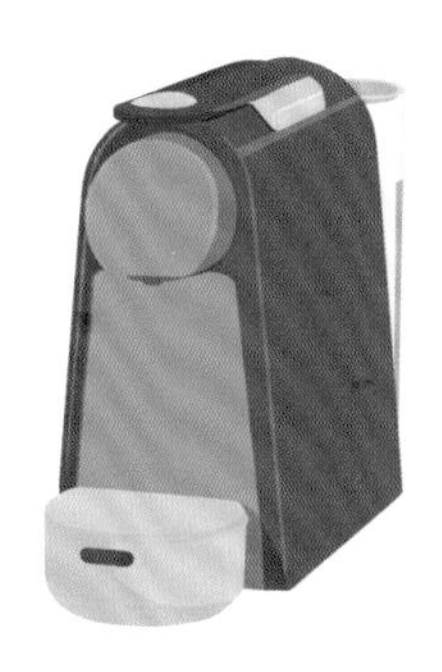

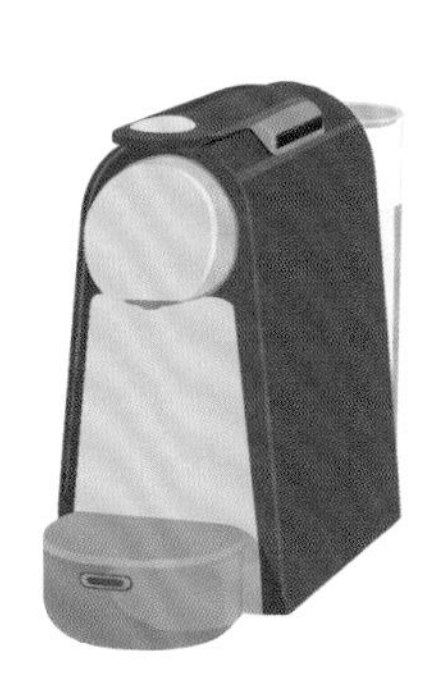

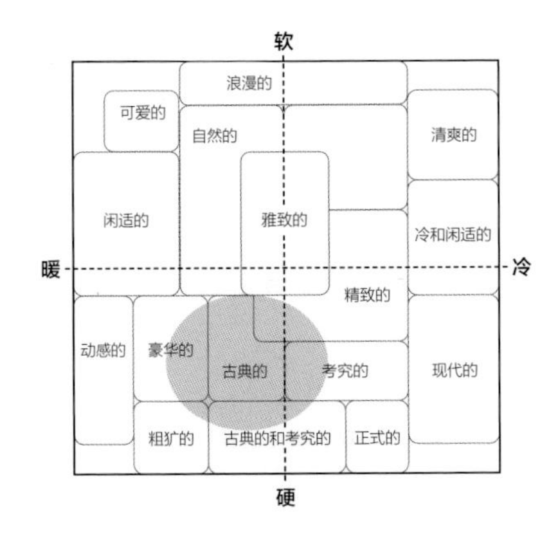

练达知性

将深沉的灰玫红色面积比例放大，与深灰色、深蓝色共同作为主色，此时整体配色呈现为暗淡深沉却又和谐的中性色调。

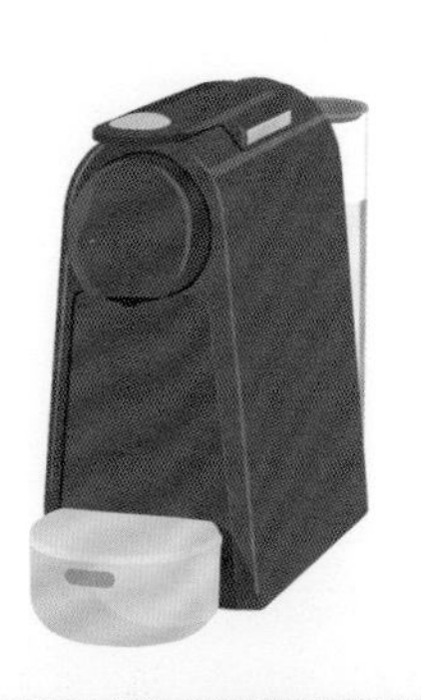

厨房电器色彩搭配提示

用色彩设计明确交互信息

厨房电器必然涉及各种操作，此时电器与使用者之间的人机交互就产生了。那么，设计时通过色彩的指示作用来完成准确的信息提示和传达就显得十分重要了。厨房电器的色彩搭配不单要考虑视觉审美效果，更重要的是结合人们认知色彩的规律，达到高效率的信息传达。例如操作面板与机体的颜色差异、不同功能分区的颜色差异等，这要求颜色必须与功能、信息相匹配，才能让产品的使用变得简单便利，不至于令人产生困惑，甚至是误操作。

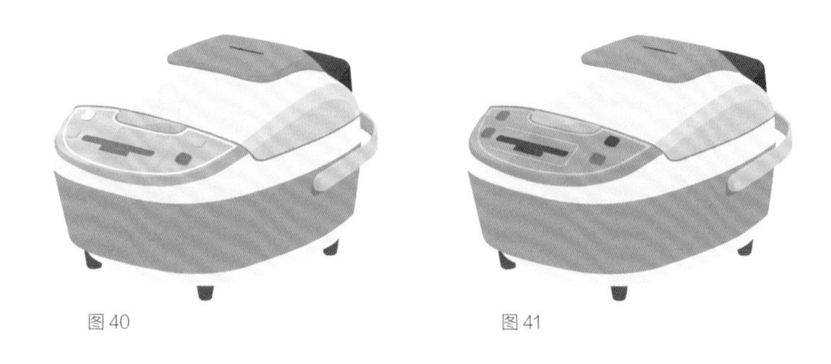

图 40　　图 41

图 40 中操作面板的配色令人十分困惑，使用者并不能第一时间理解操作按钮之间的逻辑关系，而面板的粉色与其中一个按键的粉色又十分接近，让找寻按键变得困难。而图 41 中的色彩搭配传递的信息就比较明确，操作面板中的按键与面板颜色区分明显，操作面板中黑色的按键应该是与其他三个棕色的按键有功能逻辑上的区别的，也许是总开关，而其他三个棕色按键在功能上应该是平行的关系，也许代表不同的蒸煮模式。

与厨房场景的匹配

与软装产品相似，厨房电器也需要考虑产品所处的场景。如果想要设计一个大红色调为主的产品，就需要考虑到其适合哪些风格和氛围的厨房色彩环境或居住色彩环境，同时也必须考虑该产品的体积大小，如果是一个大红色的咖啡机，也许对环境氛围的影响比较小，而如果是一台大红色的冰箱，那么对环境的整体色彩氛围就会产生很大的影响。

关于 CMF

什么是 CMF

谈到产品色彩设计，就无法绕开 CMF。CMF 按照字面理解就是“色彩、材质、表面处理”（C 表示 colour, M 表示 material, F 表示 finishing）。

CMF 是一个聚焦于设计和描述产品的颜色、材质和表面处理的专门领域，其最终的目的是让产品在情感上和功能上都能展现出吸引人的魅力。如今，在产品设计和生产流程中，无论是技术层面还是物质层面，CMF 都是不可缺少的一环，甚至是工业设计流程中的基石。对于产品来说，只有视觉之美和功能表现的完美平衡，才能为用户提供最好的使用体验。

任何领域中的色彩应用都不是单独的，而在产品设计中色彩尤其无法独立。更确切地说，产品设计中的色彩应用很大程度上受限于材料技术、成形方式、生产成本等因素。须知本书中所例举的产品色彩搭配，仅提供**色彩审美和情感体验方面的灵感**，目的在于为读者**展现更多色彩搭配的可能性**，以及同样的颜色在不同面积比例时，产生的不同情感联想。因此出现不符合实际或难以实现的情况在所难免，请读者酌情考量。

CMF 涉及的色彩领域和阶段

① 色彩设计（Colour Design）。在这一阶段中，产品所要呈现的色彩情感背景、故事描述、材质倾向、表面处理特征等整体视觉感官，往往通过色彩灵感板（colour moodboard）来展现。而颜色的选择则需要根据准确的用户定位分析、品牌本身的产品色彩体系，以及当季流行色趋势来综合决定。

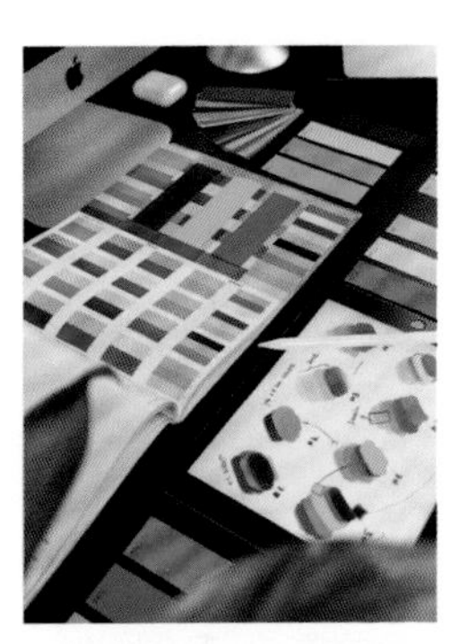

图 42　摄影：Balázs Kétyi

在产品色彩设计时，根据材料的性质以及产品最终的应用，可以有多种方式去呈现色彩效果。有的颜色效果是材料本身自带的，有的则可以直接在客户的产品表面上色。

② 色彩研制（Colour Development）。这一阶段需要极强的化学专业背景，涉及产品内部和外部上色、表面处理的具体研制，这方面的工作也可以交由专业的公司或机构完成。

色彩索引

N

N-01 R:248 G:248 B:248 PANTONE 11-4001 TPG

N-02 R:237 G:236 B:231 PANTONE 12-4302 TPG

N-03 R:229 G:229 B:229 PANTONE 13-4303 TPG

N-04 R:178 G:178 B:178 PANTONE 14-4703 TPG

N-05 R:175 G:175 B:175 PANTONE 17-4405 TPG

N-06 R:181 G:178 B:178 PANTONE 15-4306 TPG

N-07 R:198 G:202 B:204 PANTONE 14-4202 TPG

N-08 R:144 G:147 B:149 PANTONE 15-4307 TPG

N-09 R:139 G:138 B:142 PANTONE 17-3911 TPG

N-10 R:139 G:140 B:140 PANTONE 17-0000 TPG

N-11 R:150 G:149 B:149 PANTONE 16-3915 TPG

N-12 R:123 G:124 B:124 PANTONE 17-4014 TPG

N-13 R:94 G:94 B:94 PANTONE 18-0000 TPG

N-14 R:89 G:89 B:89 PANTONE 18-4005 TPG

N-15 R:61 G:61 B:61 PANTONE 19-0812 TPG

Y

Y-01 R:242 G:230 B:215 PANTONE 13-0905 TPG

Y-02 R:237 G:230 B:217 PANTONE 13-0513 TPG

Y-03 R:239 G:232 B:220 PANTONE 12-5202 TPG

Y-04 R:232 G:229 B:220 PANTONE 12-0404 TPG

Y-05 R:229 G:220 B:211 PANTONE 13-0000 TPG

Y-06 R:226 G:219 B:204 PANTONE 12-0105 TPG

Y-07 R:216 G:212 B:202 PANTONE 12-6204 TPG

Y-08 R:232 G:213 B:175 PANTONE 13-0613 TPG

Y-09 R:220 G:196 B:159 PANTONE 13-0919 TPG

Y-10 R:216 G:196 B:154 PANTONE 14-0925 TPG

Y-11 R:204 G:193 B:158 PANTONE 14-1014 TPG

Y-12 R:223 G:202 B:142 PANTONE 13-0725 TPG

Y-13 R:242 G:210 B:139 PANTONE 12-0718 TPG

Y-14 R:237 G:207 B:139 PANTONE 14-0935 TPG

Y-15 R:249 G:226 B:158 PANTONE 12-0720 TPG

Y-16 R:232 G:206 B:133 PANTONE 14-0827 TPG

Y-17 R:224 G:184 B:70 PANTONE 14-0740 TPG

YR

YR-01 R:228 G:184 B:123 PANTONE 14-1031 TPG

YR-02 R:185 G:145 B:87 PANTONE 16-1133 TPG

YR-03 R:160 G:145 B:128 PANTONE 16-1104 TPG

YR-04 R:142 G:130 B:115 PANTONE 17-1105 TPG

YR-05 R:104 G:92 B:83 PANTONE 18-1304 TPG

YR-06 R:226 G:206 B:181 PANTONE 13-0908 TPG

YR-07 R:224 G:190 B:153 PANTONE 14-1116 TPG

YR-08 R:228 G:191 B:166 PANTONE 16-5803 TPG

YR-09 R:219 G:170 B:143 PANTONE 13-1013 TPG

YR-10 R:206 G:187 B:159 PANTONE 14-1112 TPG

YR-11 R:193 G:170 B:149 PANTONE 15-1307 TPG

YR-12 R:196 G:161 B:135 PANTONE 15-1012 TPG

YR-13 R:206 G:170 B:147 PANTONE 14-1212 TPG

YR-14 R:226 G:210 B:199 PANTONE 12-0304 TPG

YR-15 R:232 G:208 B:197 PANTONE 12-1404 TPG

YR-16 R:229 G:181 B:165 PANTONE 13-1108 TPG

YR-17 R:220 G:141 B:119 PANTONE 15-1327 TPG

YR-18 R:242 G:137 B:112 PANTONE 16-1435 TPG

YR-19 R:198 G:127 B:106 PANTONE 17-1341 TPG

YR-20 R:165 G:88 B:61 PANTONE 17-1347 TPG

YR-21 R:201 G:161 B:146 PANTONE 15-1512 TPG

YR-22 R:163 G:125 B:109 PANTONE 17-1038 TPG

YR-23 R:156 G:115 B:104 PANTONE 17-1417 TPG

YR-24 R:204 G:191 B:180 PANTONE 14-4501 TPG

YR-25 R:195 G:177 B:166 PANTONE 14-1106 TPG

YR-26 R:174 G:161 B:160 PANTONE 15-3800 TPG

YR-27 R:173 G:157 B:145 PANTONE 16-0906 TPG

YR-28 R:140 G:120 B:107 PANTONE 17-1212 TPG

YR-29 R:140 G:119 B:111 PANTONE 17-1418 TPG

R

R-01 R:232 G:221 B:202 PANTONE 13-1107 TPG

R-02 R:242 G:296 B:192 PANTONE 14-1506 TPG

R-03 R:219 G:146 B:138 PANTONE 16-1511 TPG

R-04 R:205 G:149 B:151 PANTONE 15-1611 TPG

R-05 R:225 G:161 B:164 PANTONE 15-1611 TPG

R-06 R:219 G:125 B:132 PANTONE 16-1617 TPG

R-07 R:191 G:102 B:102 PANTONE 18-1629 TPG

R-08 R:181 G:93 B:93 PANTONE 17-1545 TPG

R-09 R:137 G:84 B:81 PANTONE 18-1110 TPG

R-10 R:158 G:32 B:36 PANTONE 18-1657 TPG

R-11 R:147 G:56 B:36 PANTONE 18-1355 TPG

R-12 R:119 G:50 B:50 PANTONE 19-1629 TPG

R-13 R:99 G:48 B:48 PANTONE 19-1525 TPG

R-14 R:99 G:49 B:58 PANTONE 19-1617 TPG

R-15 R:63 G:42 B:37 PANTONE 19-1518 TPG

R-16 R:223 G:203 B:206 PANTONE 12-2902 TPG

R-17 R:219 G:189 B:189 PANTONE 14-0813 TPG

R-18 R:209 G:176 B:176 PANTONE 14-1803 TPG

R-19 R:193 G:164 B:164 PANTONE 15-2706 TPG

R-20 R:170 G:130 B:130 PANTONE 16-1806 TPG

RB

RB-01 R:186 G:112 B:139 PANTONE 16-1712 TPG

RB-02 R:117 G:76 B:91 PANTONE 18-1716 TPG

RB-03 R:124 G:64 B:89 PANTONE 19-2431 TPG

RB-04 R:114 G:68 B:79 PANTONE 18-1718 TPG

Code	RGB	PANTONE
RB-05	R:89 G:66 B:73	PANTONE 19-4027 TPG
RB-06	R:202 G:194 B:204	PANTONE 14-3903 TPG
RB-07	R:168 G:162 B:170	PANTONE 17-3906 TPG
RB-08	R:169 G:160 B:170	PANTONE 16-3907 TPG
RB-09	R:147 G:140 B:146	PANTONE 17-3906 TPG
RB-10	R:84 G:78 B:84	PANTONE 18-3905 TPG
RB-11	R:191 G:170 B:187	PANTONE 15-3507 TPG
RB-12	R:138 G:112 B:140	PANTONE 17-3612 TPG
RB-13	R:104 G:88 B:100	PANTONE 18-3715 TPG
RB-14	R:90 G:79 B:100	PANTONE 13-4103 TPG
RB-15	R:61 G:44 B:60	PANTONE 19-3519 TPG
RB-16	R:16 G:66 B:150	PANTONE 19-4150 TPG
RB-17	R:165 G:184 B:211	PANTONE 14-4112 TPG
RB-18	R:82 G:111 B:153	PANTONE 18-3937 TPG
RB-19	R:70 G:96 B:133	PANTONE 18-4029 TPG

Code	RGB	PANTONE
RB-20	R:38 G:62 B:101	PANTONE 19-4057 TPG
RB-21	R:60 G:80 B:109	PANTONE 18-3921 TPG
RB-22	R:66 G:78 B:102	PANTONE 18-3921 TPG
RB-23	R:46 G:53 B:81	PANTONE 19-3939 TPG
RB-24	R:131 G:135 B:150	PANTONE 17-3907 TPG
RB-25	R:104 G:132 B:159	PANTONE 17-4020 TPG
RB-26	R:90 G:115 B:142	PANTONE 17-4029 TPG
RB-27	R:64 G:90 B:118	PANTONE 18-4020 TPG
RB-28	R:76 G:92 B:107	PANTONE 18-4025 TPG
RB-29	R:100 G:121 B:138	PANTONE 17-4020 TPG
RB-30	R:100 G:145 B:188	PANTONE 17-4032 TPG
RB-31	R:15 G:76 B:129	PANTONE 19-4045 TPG
RB-32	R:23 G:80 B:111	PANTONE 19-4342 TPG
RB-33	R:185 G:208 B:219	PANTONE 13-4200 TPG
RB-34	R:174 G:197 B:211	PANTONE 14-4307 TPG

B

Code	RGB	PANTONE
B-01	R:255 G:191 B:211	PANTONE 15-4005 TPG
B-02	R:159 G:192 B:201	PANTONE 14-4810 TPG
B-03	R:129 G:172 B:187	PANTONE 15-4717 TPG
B-04	R:119 G:152 B:165	PANTONE 16-4114 TPG
B-05	R:89 G:112 B:124	PANTONE 18-4217 TPG
B-06	R:136 G:157 B:170	PANTONE 16-4109 TPG
B-07	R:168 G:185 B:195	PANTONE 15-4309 TPG
B-08	R:161 G:166 B:167	PANTONE 15-4305 TPG

BG

Code	RGB	PANTONE
BG-01	R:113 G:137 B:134	PANTONE 16-4712 TPG
BG-02	R:108 G:134 B:135	PANTONE 17-4911 TPG
BG-03	R:95 G:115 B:120	PANTONE 18-4510 TPG
BG-04	R:73 G:109 B:117	PANTONE 17-4716 TPG
BG-05	R:60 G:96 B:107	PANTONE 18-4522 TPG

BG-06
R:69 G:94 B:104
PANTONE 19-4227 TPG

BG-07
R:34 G:62 B:75
PANTONE 19-4227 TPG

BG-08
R:96 G:166 B:173
PANTONE 15-4712 TPG

BG-09
R:86 G:153 B:163
PANTONE 16-4719 TPG

BG-10
R:71 G:137 B:142
PANTONE 17-4919 TPG

BG-11
R:107 G:158 B:157
PANTONE 15-5210 TPG

BG-12
R:126 G:165 B:164
PANTONE 15-5207 TPG

BG-13
R:142 G:178 B:173
PANTONE 16-5109 TPG

BG-14
R:165 G:185 B:184
PANTONE 14-4306 TPG

BG-15
R:185 G:201 B:199
PANTONE 14-4807 TPG

BG-16
R:223 G:228 B:229
PANTONE 14-4102 TPG

BG-17
R:205 G:211 B:207
PANTONE 14-4502 TPG

BG-18
R:200 G:204 B:202
PANTONE 13-4201 TPG

BG-19
R:157 G:165 B:160
PANTONE 16-4702 TPG

BG-20
R:101 G:114 B:109
PANTONE 17-5107 TPG

BG-21
R:166 G:209 B:193
PANTONE 14-5711 TPG

G

G-01
R:107 G:155 B:136
PANTONE 16-5917 TPG

G-02
R:91 G:127 B:115
PANTONE 17-5513 TPG

G-03
R:89 G:125 B:113
PANTONE 16-5515 TPG

G-04
R:137 G:163 B:148
PANTONE 16-5907 TPG

G-05
R:128 G:155 B:145
PANTONE 16-5810 TPG

G-06
R:113 G:137 B:129
PANTONE 17-5110 TPG

GY

GY-01
R:118 G:147 B:131
PANTONE 16-5919 TPG

GY-02
R:88 G:102 B:84
PANTONE 17-6212 TPG

GY-03
R:73 G:83 B:66
PANTONE 18-0316 TPG

GY-04
R:186 G:206 B:186
PANTONE 13-6108 TPG

GY-05
R:188 G:204 B:180
PANTONE 13-6108 TPG

GY-06
R:173 G:188 B:166
PANTONE 15-6313 TPG

GY-07
R:172 G:183 B:169
PANTONE 15-6313 TPG

GY-08
R:163 G:170 B:155
PANTONE 16-0110 TPG

GY-09
R:144 G:158 B:138
PANTONE 16-5810 TPG

GY-10
R:211 G:209 B:188
PANTONE 13-6105 TPG

GY-11
R:199 G:201 B:179
PANTONE 13-0210 TPG

GY-12
R:206 G:208 B:200
PANTONE 13-4305 TPG

GY-13
R:226 G:231 B:166
PANTONE 12-0525 TPG